姑娘，
你要内心强大

[美]戴尔·卡耐基◎著　程墨珊◎编译

gu niang,
ni yao nei xin qiang da

民主与建设出版社
Democracy & Construction Publishing House

图书在版编目（CIP）数据

姑娘，你要内心强大 /（美）戴尔·卡耐基著；程
墨珊编译. -- 北京：民主与建设出版社，2016.6

ISBN 978-7-5139-1132-0

Ⅰ.①姑… Ⅱ.①戴… ②程… Ⅲ.①女性—成功心
理—通俗读物 Ⅳ.①B848.4-49

中国版本图书馆CIP数据核字(2016)第127512号

出 版 人： 许久文

责任编辑： 刘　芳

整体设计： 刘红刚

出版发行： 民主与建设出版社有限责任公司

电　　话：（010）59419778　　59417745

社　　址： 北京市朝阳区阜通东大街融科望京中心B座601室

邮　　编： 100102

印　　刷： 北京欣睿虹彩印刷有限公司

版　　次： 2016年8月第1版　2016年8月第1次印刷

开　　本： 32

印　　张： 7.25

书　　号： ISBN 978-7-5139-1132-0

定　　价： 32.80元

注： 如有印、装质量问题，请与出版社联系。

序　言

　　女人如花，天生娇艳。从枝叶繁茂到含苞待放，从恣意怒放到硕果累累。或是带刺的玫瑰，或是沉静的百合，或是高傲的郁金香，或是温暖的康乃馨。每一种都有每一种的摇曳，每一朵都有每一朵的妩媚，每一个阶段都有每一个阶段的独特美丽。

　　一路鲜花，一路幸福。这就是每一个女人都渴望拥有的完美人生。

　　然而追寻幸福的道路，却总是蜿蜒崎岖的。众所周知，我们现在生活在一个复杂而且不断变化的时代，不论这些变化是否是我们所追寻的，现实的压力都在迫使我们不停地向前运行。我们不得不承认，人们在各自的领域里被社会异化，人群中充满了焦虑、烦躁、愤怒、失落、紧张、恐惧的氛围，我们变得脆弱而小心翼翼。

　　在女人为自己的幸福努力拼搏的时候，你可能会遇上这样那样的困难。不过，在障碍和迷茫面前，你也许只需要一些指引，从一定的高度上来审视问题，就能走出沼泽。

正如一篇散文中所说的那样："一颗心从它诞生的那一天起，就必须面对风风雨雨、酸甜苦辣，所以每颗心都可能受到了挤压或者腐蚀，都可能有冻伤、烫伤或者破损。更令人伤感的也许是，我们的心灵从造化那里获得的许多力量中，有一种或者几种是自毁的力量，所以我们的心灵常常有无风三尺浪的动荡与不安……虽然我们没有初始的和现在的完整，但我们有修补的愿望和决心。相信有一天，破损的会再复原，而经过了修补的心灵会更加成熟和坚强。"

我们希望本书能够真正成为读者的良师益友，尤其是为广大的女性同胞们，献出我们的一份绵薄之力，祝愿大家都能够步出心灵的困惑，早日迈向成功之路，过上幸福快乐的生活。

亲爱的姑娘们，请始终以积极的方式回应生活中的酸甜苦辣和旦夕祸福。请记住，这世界虽然残酷，但我们要内心强大。

/ Lesson 1 /

内心强大，人生无所畏惧

/ Lesson 2 /

姑娘，你要学会爱自己

/ Lesson 3 /

良好的修养是优雅的支撑力

/ Lesson 4 /

姑娘，请用心去生活

/ Lesson 5 /

纵有万语千言，只与自己说

/ Lesson 6 /

路，要一步步走

/ Lesson 7 /

铿锵玫瑰笑傲职场

/ Lesson 8 /

婚姻里永不枯萎的蔷薇

Lesson 1
内心强大，人生无所畏惧

你有信仰就年轻，疑惑就年老；有自信就年轻，畏惧就年老；有希望就年轻，绝望就年老；岁月使你皮肤起皱，但是失去了热忱，就损伤了灵魂。

——卡耐基

1.每一天，实现一点生命的价值

人的情绪是一个定数，腾不出空间来快乐，就会腾出时间来忧伤；腾不出乐观的情绪，就会腾出悲观的情绪。

所有有疾病的人似乎都有着难解的心结，这些心结，跟人的情绪密切关联，而这些情绪，又关联着不同的疾病。

更重要的是，这样的关联，又似乎是从小就在许多人身上种下了，包括自卑、紧张、怀疑、恐惧、烦躁、愤怒、压抑、胆怯、烦恼等。

不同的情绪，将会使得你产生不同的身体反应模式。每个模式，意味着身体的一系列生理活动程序。这些固定的程序，将导致身体持续的能量消耗和组织损耗。

自卑和胆怯，作用在你的肝胆；紧张和恐惧，作用在你的关节；愤怒伤害的是你的心脏；怀疑伤害的是你的大脑和脊椎；烦躁使你的肝受损；压抑伤害的则是你的肾。热量用于创造，可以让生活变得更加美好，而如果用于情绪就会造成破坏。

只有挣脱了心灵的枷锁，打破心中的瓶颈，才能追求一份淡泊宁静；解开了心中的疙瘩，就能释放内心的压抑，输赢得失就如过眼云烟，转瞬即逝。要追求心灵的自由就得打开心窗，放飞孤独，把自己融入人群之中。

事实上，人们的心窗并未被关闭，而生命之光也依然是明亮的，人们只是暂时地被恐惧、害怕、担忧、无助、失落的情绪所蒙蔽。就像一面明镜表面粘满了灰尘一般，如将灰尘清除干净，则明镜依然可明亮照人。

所以，当在生活中遇到困难时，我们要打开心窗，追求心灵的自由，不要逃避，要坚强地面对。

生而为人，就需要面对自然的无穷变化，诸如山崩地裂、狂风暴雨、苦寒炙热……而生活在这个时代里，更需要接受为满足物欲需求对生存环境的破坏所带来的恶果。例如，各种剧烈病痛、河水土壤的污染、动植物的灭绝……这些现象在处处影响着我们的生命及财产的安全。

当灾难或困境来临时，我们是无法逃避的。事情既然发生了，谁都无法改变现状，使其恢复原来的面貌，再多的哀怨都于事无补。唯有放开郁闷的心胸，迈开脚步，一点一滴重整自己的生活环境。如此，生命必将丰盈，理想亦可实现，因为生命力的展现，乃是此时此刻的耕耘，而不是缅怀过去，或是寄望将来。

事实上，我们应欣然地接受，并承受内心的害怕及肉体的痛苦，不要想刻意逃避它，那是做不到的。我们可用正向的思想作用，使这些忧虑的情绪消除于无形当中，因为恐惧的情绪只是心理的作用。反面的思想作用，产生了不安全的感觉；正面的作用，产生希望和理想。这些作用都由我们自己选择，每一个人都有能力完全控制自己的内心。有一位英国著名的解剖学者，被一名学生问道："什么是医治恐惧的良方？"他的答案是："试着替别人服务。"这学生听了感到惊奇，要求他加以说明，他说："人的内心，不能同时存有两种心思，一种心思会把另外一种赶走，例如，你内心已充满无私助人的念头，你就不会同时产生害怕的心情。"

我们要认清一件事实，那就是世间所有的一切无时无刻都在变动着，没有任何一件事物，可保持长久不变。所以，我们永远无法抓住想拥有的东西，包括我们自己的身体在内，能够以此心态看待万世万物的幻化，则心胸必将豁然开朗，不再执着抓取，不思拥有就不害怕失去，所以恐惧、忧愁不安的情绪亦将远离，随风而去。

因此，当每天早晨起床时就给自己一个期望，当睁开眼睛之后，就想着我今天可以去做什么，并把它完成。活得有目标，做起事来就会更有劲，对自己许下的心愿，任谁都会很乐意并且很勤快地完成它。在工作的过程中，可以发觉兴趣、激发脑力，甚至有更佳的创意产生，这都是我们能力的展现及潜能的发挥，也是自我理想的实现。生命的意义，并不一定要建立在丰功伟业上，任何一点小小的成果，也同样可以显示出生命的价值。

2.停下脚步，倾听心底的声音

如果一个美丽的女子，徒有美丽的外貌，心灵却已荒芜，那该是多么令人遗憾的事啊。

现代人太忙，干什么都是来也匆匆，去也匆匆。大人们忙升官，孩子们忙升学，青年人忙充电，老年人忙爬山，男人忙，女人忙……真是举国上下一片忙。如果当时间的列车突然急刹车，忙得不可开交的人们突然一下子闲了下来，许多人会有同一种如同晕车般的感觉，那就是内心空虚。

我们步履匆匆的，到底是为了求得什么？

有句话叫"失之东隅，收之桑榆"，我们的处境证明这句话反过来说也是正确的，在整日不得闲的时候，我们忽略了生命中最重要的东西——快乐。

我们在整天忙着赚钱，物质财富得到极大丰富的今天，住在装饰得如同皇宫般金碧辉煌的钢筋水泥结构中，各种娱乐设备应有尽有，却总感到丢失了点什么，总感到心里特别空虚，总感到生活如同一摊死水一样没有生气，如同没放盐的饭菜一样没有滋味。

我们只顾着经营身体赖以寄存的有形的家，却把心灵的家园荒芜了——我们把"心"丢了。而心是人的主宰，是人区别于动物的唯一身份证明。马牛是没有"心"的，它们奔波劳碌，方才换得一把粮草，终其一生，都是为了粮草而活。如果人的行为离开"心"的正确指导，如果人的心灵家园荒芜，仅为了衣食而奔波，与动物又有何差别呢？

于是乎有人到处寻找自己丢失多时的"心"，寻找昔日的感动与激情。有人去歌厅、迪厅寻找，有人到酒场上寻找，甚至有人动用高科技手段到网上找。可最终都一无所获。一味在物质世界里寻求无异于缘木求鱼，一味在名声、权力、财富、享乐中寻觅，只能使心灵更加荒芜。

有人百思不得其解，为什么自己整天吃山珍海味、生猛海鲜，却不如天天背着窝头爬山的老年人活得充实，为什么两口子穿戴都是名牌，却不如布衣蔬食的老年人夫妻恩爱，过得有滋味。其实，老年人生活充实而富有激情也没有什么秘方。正如他们所说"我亦无他，唯心细耳"。

　　只有心态足够平和，放慢前行的脚步，那么一个女人无论从事什么职业、家庭是否富有、孩子是否出色，她都会神情自信、眼神清澈，都会用细腻的心思去感受周围的一切。她的生活会因此而充满温暖的氛围，身边人也都喜欢与她在一起，感受她带来的愉悦气息。一个这样的女人，怎会不幸福呢？

　　虽然女人的美丽有很多种，可当女人渐渐老去的时候，很多种的美丽都会慢慢褪色，只有心态的美丽会随着阅历的加深越来越灿烂。

　　你怎样对待生活，生活就怎样对待你。命运往往无常，权且把心放宽，换个角度看世界，世界无限宽广；换种立场待人事，人事无不轻安。

　　亲爱的姑娘们，请始终以积极的方式回应生活中的酸甜苦辣和旦夕祸福。在缺少阳光的阴郁日子里，对自己说"没什么"；在失去朋友的寂寞生活里，笑着说"会好的"。

　　如果我们能和老年人一样闲暇时种竹浇花，下班后夫妻双双牵手把家还，饭后到公园散散步，我们便能感到充实，感到有激情，感到生活的乐趣，也能找回自己丢失的"心"。俗话说："踏破铁鞋无觅处，得来全不费工夫。"快乐其实就在我们身边，只不过我们没有用心体会罢了。

3.孤独时自我欣赏

卡耐基收到一封伊笛丝·阿雷德太太从北卡罗来纳州艾尔山寄来的信。"我从小就特别敏感而腼腆，"她在信上说，"我的身体一直太胖，而我的一张脸使我看起来比实际还胖得多。我有一个很古板的母亲，她认为把衣服弄得漂亮是一件很愚蠢的事情。她总是对我说：'宽衣好穿，窄衣易破。'而她总照这句话来帮我穿衣服。所以我从来不和其他的孩子一起做室外活动，甚至不上体育课。我非常害羞，觉得我跟其他的人都'不一样'，完全不讨人喜欢。

"长大之后，我嫁给一个比我大好几岁的男人，可是我并没有改变。我的丈夫一家人都很好，也充满了自信。他们就是我应该是而不是的那种人。我尽最大的努力要像他们一样，可是我做不到。他们为了使我开朗而做的每一件事情，都只令我更往我的

9

壳里退缩。我变得紧张不安，躲开了所有的朋友，情形坏到我甚至怕听到门铃响。我知道我是一个失败者，又怕我的丈夫发现这一点。所以每次我们出现在公共场合的时候，我假装很开心，结果常常做得太过分。我知道我做得太过分，事后我会为这个难过好几天。最后不开心到使我觉得再活下去也没有什么意义了，我开始想自杀。"

是什么改变了这个不快乐的女人的生活呢？只是一句随口说出的话。

"随口说的一句话，改变了我的整个生活。有一天，我的婆婆正在谈她怎么教养她的几个孩子，她说：'不管事情怎么样，我总会要求他们保持本色，自我欣赏。'……'保持本色'……就是这句话！在那一刹那，我才发现我之所以那么苦恼，就是因为我一直在试着让自己适合于一个并不适合我的模式。

"在一夜之间我整个改变了。我开始保持本色，学会欣赏自己鲜为人知的美。我试着研究我自己的个性、自己的优点，尽我所能去学色彩和服饰知识，尽量以适合我的方式去穿衣服，主动地去交朋友。我参加了一个社团组织——起先是一个很小的社团——他们让我参加活动，把我吓坏了。可是我每发言一次，就增加一点勇气。今天我所有的快乐，是我从来没有想到可能得到的。在教养我自己的孩子时，我也总是把我从痛苦的经验中所学到的结果教给他们：不管事情怎么样，不管你处于何种孤独的境地，总要懂得自我欣赏。"

　　没有什么比违背本色更痛苦了。不愿意保持本色，发现不了自己的优点，是导致很多精神和心理问题的潜在原因。

4.在红尘里与智慧相逢

智慧的表现方式有很多种，大智若愚也属于其中之一。

一个年轻人刚大学毕业就进入某一产品的销售部，负责产品推广。他拥有一流的口才，但更可贵的是他的工作态度和吃苦精神。那时公司正在着手新产品的销售渠道，新老产品都同时赶着销售，每一位员工都很忙，但领导并没有增加人手的打算，于是负责旧产品销售的人员总是被指挥去新产品销售团队帮忙。不过，整个销售部只有那个年轻人欣然接受老板的指派，其他的都是去一两次就抗议了，觉得跨越了自己的负责范围。那些觉得有社会经验的老将有意无意地嘲笑他傻，他听了以后则不以为然："吃亏就是占便宜嘛！"

老员工们很奇怪，他有什么便宜可占呢？总是看到他像个苦力一样四处奔波，为新产品贴广告，发传单，暗自想这真是一个傻人。后来他又常去下层生产部，参与现场的生产，只要哪儿缺人手，他都乐意去帮忙。

两年过后，正是这位被嘲笑的傻人，积累了很多经验以后，自己成立了一家设备销售公司，虽然规模不大，但是前景很乐观。原来他是在以前公司任劳任怨的时候，把销售公司的基本流程都看懂了，这样说来，他真的是占了大便宜啊！现在，他仍然抱着这样的态度做事，对下属、对客户、对合作方，他都以吃亏来换取合作者和客户的信任，换来下属员工的一致拥护。这样高尚的修养使他在年轻一辈中脱颖而出。

信奉大智若愚的是真正的聪明人。他们以大智若愚的方式来保护自我。

嫉贤妒能几乎是人的本性，所以《庄子》中有一句话叫"直木先伐，甘井先竭"。一般所用的木材，多选挺直的树木来砍伐；水井也是涌出甘甜井水者先干涸。人也如此。有一些才华横溢的人，因为锋芒太露而遭人暗算。《红楼梦》中的王熙凤正是"机关算尽太聪明，反误了卿卿性命"。还是那句千古名训"大智若愚"为妙。

大智若愚不仅是一种自我保全的智慧，同时也是一种实现自己目标的智慧。俗语说"虎行似病"，装成病恹恹的样子正是老虎吃人的前兆，所以聪明不露，才有任重道远的力量。这就是所谓"藏巧于拙，用晦如明"。现实中，人们不管本身是机巧奸猾还是忠直厚道，几乎都喜欢傻呵呵不会弄巧的人，因为这样的人不会对对方造成巨大的威胁，会使人放松戒备和防御。所以，要达到自己的目标，没有机巧权变是不行的，但又要懂得藏巧，不为人识破，也就是"聪明而愚"。

在复杂的世界中，一个人如果能用大智若愚的方式去生存，那他就能够避免很多缠绕，达到一种逍遥的境界。

大智若愚并非让人人都去假装愚笨，它强调的只不过是一种处世的智慧，即要谨言慎行，谦虚待人，不要太盛气凌人。这并不是一种消极被动的生活态度。倘若一个人能够谦虚诚恳地待人，便会得到别人的好感；若能谨言慎行，更会赢得人们的尊重。

5.做最真实的自己

　　作为家庭主人的你，每天都在尽最大努力去避免家庭所面临的各种污染，如空气污染、噪声污染、光源污染等。这时不知你是否忽视了另一种新的污染，你的坏情绪，就是一种情绪污染。

　　情绪是客观事物作用于人的感官而引起的一种心理体验。无论喜、怒、思、悲、惊，都有其原因和对象。幽静的环境、清新的空气、高尚的品德、物质的丰富、文化的繁荣，都能引起人们愉快、轻松的良好情绪；而环境脏乱、虚伪庸俗、文化枯萎等，则可能导致人们厌烦、压抑、忧伤、愤怒的消极情绪。情绪具有两重性：一是两极性，如快乐和悲哀、热爱和憎恨、轻松和紧张、激动和平静等；二是暗示感染性的大小，往往由人们地位和作用的不同而不同。

　　现代心理学告诉人们，人的情绪有两个关键时间，一是早晨就餐前，二是晚上就寝前。在这两个关键时间里，每一个家庭成员都要尽量保持良好的心境，稳定自身情绪，尽量不要破坏家庭的祥和气氛，避免引起情绪污染。假如在一天的开始，家庭某一个成员情绪很好或者情绪很坏，其他成员就会受到感染，产生相应的情绪反应，于是就形成了愉快、轻松或者沉闷、压抑的家庭氛围。

任何人都会有情绪低落的时候，每当这时，一是要有点忍耐和克制精神，二是要学会情绪转移。把不良情绪带回家，将心中怨气发泄在家人身上，为一些小事耿耿于怀……诸如此类，都会影响他人的情绪，造成家庭情绪污染。

其实，我们的心灵也同样需要一片宁静的天空，那么就让我们的情绪在宁静的天空下，得到平复与安宁。

西方有位哲人在总结自己一生时说过这样的话："在我整整75年的生命中，我没有过四个星期真正的安宁。这一生只是一块必须时常推上去又不断滚下来的崖石。"所以，追求宁静对许多人来说成了一个梦想。由此看来，宁静并不是每个人都能享受的。

可是，现实生活中也不乏许多人害怕宁静，时时借热闹来躲避宁静，麻痹自己。滚滚红尘中，已经很少有人能够固守一方独享一份宁静了，更多的人脚步匆匆，奔向人声鼎沸的地方。殊不知，热闹之后却更加寂寞。我辈之人，如能在热闹中独饮那杯寂寞的清茶，也不失为人生的另类选择与生存。

宁静是一种难得的感觉。只有在拥有宁静时，你才能静下心来悉心梳理自己烦乱的思绪；只有在拥有宁静时，你才能让自己成熟。

宁静是一种感受，是心灵的避难所，会给你足够的时间去舔舐伤口，重新以明朗的笑容直面人生。

懂得了宁静，便能从容地面对阳光，将自己化作一盏清茗，在轻啜深酌中渐渐明白，不是所有的生长都能成熟，不是所有的欢歌都是幸福，不是所有的故事都会真实。有时，平淡是穿越灿烂而抵达美丽的一种高度、一种境界。当宁静来临时，轻轻合上门窗，隔去外面喧嚣的世界，默默独坐在灯下，平静地等待身体与心灵的一致，让自己从悲欢交集中净化思想。这样，被一度驱远的宁静会重新得到回归。你静静地用自己的理解去解读人世间风起云涌的内容，思考人生历程中的痛苦和欢悦。你不再出入上流社会，也就不再对那些达官显贵摧眉折腰，人们不再追逐你，不再关注你，你也因此而少了流言的中伤。当你真实窥见了人生的丰富与美好、生命的宏伟和阔大，让身心平直地立在生活的急流中，不因贪图而倾斜，不因喜乐而忘形，不因危难而逃避，你就读懂了宁静，理解了宁静。于是，宁静成了一首诗，成了一道风景，成了一曲美妙的音乐。

宁静成了享受。这是宁静的净化，它让人感动，让人真实又美丽。

宁静是一种心境，氤氲出一种清幽与秀逸，冉冉上升的思绪逃离了城市的喧嚣，营造出一种自得和孤高，去获得心灵的愉悦，获得理性的沉思，与潜藏灵魂深层的思想交流，找到某种攀升的信念，去换取内心的宁静、博大致远的菩提梵境。

宁静如水，让它拂拭我们蒙尘的心灵，让它涤荡掉我们身上的浮躁、空虚和沮丧，然后叩问自己的灵魂，才能看清梦里的花朵以最美的形式在生活中绽放，听到远方鸟语的天籁之音……

宁静是福，真正生活在喧嚣吵闹的都市中的人们，可能更懂得平静的弥足珍贵。与平静的生活相比，追逐名利的生活是多么不值得一提。平静的生活是在真理的海洋中，在急流波涛之下，不受风暴的侵扰，保持永恒的安宁。

人人向往宁静，然而，生活的海洋里因为有名誉、金钱、房子等在兴风作浪而难以宁静。许多人整日被自己的欲望所驱使，好像胸中燃烧着熊熊烈火一样。一旦受到挫折，一旦得不到满足，便好似掉入寒冷的冰窖中一般。生命如此大喜大悲，哪里有平静可言？人们因为毫无节制的狂热而骚动不安，因为不加控制欲望而浮沉波动。只有明智之人，才能够控制和引导自己的思想与行为，才能够控制心灵所经历的风风雨雨。

是的，环境影响心态。快节奏的生活、无节制的对环境的污染和破坏，以及令人难以承受的噪声等都让人难以平静，环境的搅拌机随时都在把人们心中的平静撕个粉碎，让人遭受浮躁、烦恼之苦。然而，生命本身是宁静的，只有内心不为外物所惑，不为环境所扰，才能做到像陶渊明那样身在闹市而无车马之喧，正所谓"心远地自偏"。

宁静是一种心态，是生命盛开的鲜花，是灵魂成熟的果实。宁静在心，在于修身养性。只要有一颗宁静之心，追求宁静者，便能心胸开阔，不为诱惑所动，坦荡自然。

宁静和智慧一样宝贵，其价值胜于黄金。真正的宁静是心理的平衡，是心灵的安静，是稳定的情绪。

心灵的宁静来自于长期、耐心的自我控制，意味着一种成熟的经历以及对于事物规律的不同寻常的了解。对未来进行抗争的人，才有面对宁静的勇气；在昔日拥有辉煌的人，才有不甘宁静的感受；为了收获而不惜辛勤耕耘流血流汗的人，才有资格和能力享受宁静。

6.读懂自己，呵护心田之花

在北大，曾经有团队做过这样一份调查，随机找到1000位学历、职业都各不相同的女性，然后发给每人一张白纸，让她们依次写下自己人生中曾经遇到的困难和不如意之事。有关这份调查的答案五花八门，女人们思索的时间也非常短暂。有人说，自己遇见的最大阻碍，是没有出生在一个好的家庭；有人说，自己之所以混得普普通通，是因为长得不够漂亮，得不到更好的工作机会；还有人说，自己缺乏名师指路，所以一直没有找到人生的目标；而另一些已婚的女人则认为，结婚前没有睁大眼睛，没看清枕边人的种种缺点，是自己一生最后悔的地方。

在这一次的调查中，80%以上的女人，会将人生中的种种不如意归结为外在因素，只有不到20%的人，会认为问题出在自己身上。接下来，做问卷的人又针对这20%的女性，提出了如下问题：请问，你认为自己还有哪些有待改进的地方？

这一次，女人们思索的时间稍微长了一些。有些人犹豫着写下"需要减肥""学会化妆、打扮"等字样；有些人沉思良久之后，认为自己理应更勇敢主动一些；还有一些人，则觉得自己应该继续"充电"学习，好在未来的晋升中夺得一席之地。

然而，在这近200人中，唯有一个看上去温柔沉静的女孩儿，在纸条上写下："我现在不能立即回答这个问题，因为我对自己还有一些疑问。现在，我需要一点时间，和自己进行一次深刻的对话。"

且不说这个女孩儿写下此答案的用意是什么，但如今，无数攻略都在教女人怎样打扮得更加漂亮，怎样说话做事更有分寸，怎样铆足力气，冲向事业的更高峰，甚至怎样用尽心计去寻找一个好的伴侣，却鲜有人提醒世间女子，在做这些事情之前，实在应该静下心来，站在镜前好好看看自己。

镜前的这个女子，她的眼中为何会流露出迷茫之色？她在前进的道路上是否尚有疑惑未解？她对现在的生活可否真心满意？她可知自己即将去往何处，又将以何种方式到达彼岸？

有气质的女子，一定会流露出一种对自己坚信不疑的眼神，但这"坚信不疑"的前提，应该是对自己的充分了解和信任。古人常说：人生若能得一知己，则百死而无憾。可见对人生而言，"知己"实在重要、难得。可在许多时候，读懂他人容易，了解自己却甚是困难。对于女子而言，读懂自己这回事儿，往浅一点说，是了解自己梳什么发型合适，穿什么衣服漂亮，化什么样的妆得体；往深了说，则是客观评价自己的性格、行为，知道什么可为，如何为之，甚至可以发现自己究竟还有多少潜力没有被挖掘出来。

从这点来看，女人要读懂自己，客观最重要。许多时候，我们想的事儿，和我们真正做出来的事儿，是不大一样的。年轻女子最易犯的毛病，就是过于高估或是低估自己，而这种对自己错误审视的外在表现，就是过于自暴自弃，又或是极度高傲，这些都与好气质完全绝缘。

北大人则一向认为，"读懂自己，了解自己"是一种进校前就必须具备的本事，这种本事是进入北大的敲门砖，因为唯有对自己清晰明了的学子，才会拥有清晰的目标，才会懂得究竟如何更有效地学习，从而自百万考生中脱颖而出，成为万众景仰的高考黑马。但对女孩来说，这并不是一个容易完成的任务。

青春期的女孩太容易受到诱惑，她们心思细腻，心智尚未完全打开，往往分不清幻想和现实，眼神既天真，又迷惘。这样的女孩纯真、可爱，甚至可以被称作呆萌，却跟"气质女"完全沾不上边。但这并不意味着，她们中的有些人不会忽然"开窍"。

北大女孩贺舒婷，就在她那本名为《你凭什么上北大》的书中，描述了一件可以被称作是奇迹的事情。

在她高一的时候，日子过得浑浑噩噩，上课的时候不是睡觉就是聊天、看漫画，甚至把老师气得泪流满面。到了高二之后，她突然奋发图强，换了一种完全不同的态度对待人生。但那时，她也只是单纯地觉得，自己一辈子不该就这样稀里糊涂地过下去。

努力一段时间后，贺舒婷在一次月考中考了年级第12名，她虽然觉得自己还应该更努力些，不过这个成绩也算差强人意，起码比高一的时候要好得多。但贺舒婷见证奇迹的故事，自此才刚刚开始。

当时，在贺舒婷的班上，有一个瘦瘦小小的女生，她戴着一副黑边眼镜，整日趴在书桌上刻苦用功，无论什么时候，她总是班里第一个来，最后一个离开的人。贺舒婷并不喜欢这样的学生，她对这个女生，一直持有一种莫名的排斥情绪。她总觉得，这样的女生只知道死读书，实在没有什么了不起，自己不过没有她那么勤奋，自然没有她那么好的成绩。

直到有一天，贺舒婷从班主任的口中听见了这样一段话："有些人以为很聪明，看不起那些刻苦的同学，总觉得人家是先天不足。可是我想说，你只是懦弱！你不敢尝试！你不敢像她一样地去努力，因为你怕自己努力了也比不上她！你不去尝试，是因为害怕失败的风险……"

这句话就好像晴天霹雳一样，击中了贺舒婷内心最脆弱的地方——"懦弱"。她发现，班主任的话很有道理。长久以来，她一直自甘堕落，一直不敢铆足劲学习，并不是因为自己不够勤奋，不想勤奋，而是自心底感到害怕，害怕自己没有天赋，无论怎样努力，也无法达到既定目标。

贺舒婷决定尝试着改变这种现状，当明了自己的真实内心之后，她依然不敢给自己一个确切的承诺，而是给了自己一个月的限期，一个月后，若是所有的努力能够得到回报，她才敢敞开心扉，面对真实的自我。

考上北大的那一天，贺舒婷的名字在整个高中成为了"奇迹"的象征，大家想象不出，两年前，一个自暴自弃的坏学生，究竟用了什么法子，居然考上了看似"高不可攀"的北大。但对贺舒婷来说，考上北大远远不是事情的结局，在她的心目中，人生自此才刚刚开始。

现在，当人们再见贺舒婷时，可以从她的双眸中见到坚定的目光，从她的嘴角见到自信的微笑，她的脸庞虽略显青涩，但听其谈吐，已能隐约窥见一种特别的气质自然流露。

女人若能将自己读懂，便能更加准确地将命运掌握在自己手中。这样的女人，无论遇到什么麻烦，都会微笑着努力解决，因此也甚少对生活产生不满；这样的女人，会有更多的时间和心情去反思人生，去追寻更广阔的天空，去寻找生命的意义。而气质，自会随着不断"反思"的人生旅程，渐渐渗入我们的灵魂之中。

Lesson 2

姑娘，你要学会爱自己

心灵的成熟过程，是持续不断的自我发现、自我探寻的过程，除非我们先了解自己，否则我们很难去了解别人。

——卡耐基

1.欣赏自己独一无二的美

卡耐基在《快乐的人生》中说，适当程度的自爱，对每一个正常人来说，是很健康的表现。

要想活得健康、成熟，"喜欢你自己"是必要条件之一，因为在这个世界上，你是独一无二的。

这不是"充满私欲"的自我满足，而应该意味着"自我接受"，一种清醒的、实际的自我接受，并伴以自重和人性的尊严。

心理学家马斯洛在其著作《动机与个性》中也曾提到"自我接受"。他如此写道："新近心理学上的主要概念是：自发性、解除束缚、自然、自我接受、敏感和满足。"

成熟的人不会在晚间躺在床上比较自己和别人不同的地方。他可能有时会批评自己的表现，或觉察到自己的过错，但他知道自己的目标和动机是对的，他仍愿意继续克服自己的弱点，而不是自怨自艾。

成熟的人会适度地忍耐自己，正如他适度地忍耐别人一样。他不会因自己的一些弱点而感到活得很痛苦。

喜欢自己，是否会像喜欢别人一样重要呢？我们可以这么说：憎恨每件事或每个人的人，只是显示出他们的沮丧和自我厌恶。

哥伦比亚大学教育学院的亚瑟·贾西教授，坚信教育应该帮助孩童及成人了解自己，并且培养出健康的自我接受态度。他在其著作《面对自我的教师》中指出：教师的生活和工作充满了辛劳、满足、希望和心痛，因此，"自我接受"对每名教师来说，是同等重要的。

今日，全美国医院里的病床，有半数以上是被情绪或精神出了问题的人所占据。据报道，这些病人都不喜欢自己，都不能与自己和谐地相处下去。

我并不想在此处分析导致这种情况的各种因素。我只是认为，在这个充满竞争的社会，我们往往以物质上的成就来衡量人的价值。再加上名望的追求、枯燥乏味的工作，处处都使我们的灵魂容易生病。我还坚信，普遍缺乏一种有力的、持续的宗教信念，更是人们精神迷乱的重要因素。

哈佛大学教授怀特在《进步：性格自然成长的分析》中谈起了目前社会很流行的一种观念：人应该调整自己去适应环境。怀特反驳说："这种观念认为一个人的理想状态就是能成功地压抑自己以适应狭窄的生活方程式，而不问这样做的结果是使人失去个性、目标和方向，影响了人创造与发展的潜能。"

我非常赞同怀特博士的观点。很少人有勇气特立独行或直面真实处境。我们在行动之前就被社会文化和经济观念限制住了。从吃饭、穿着到生活方式和观念，我们和邻居如此相似。一旦我们某个不一样的行为与这种环境相异时，我们就会变得精神紧张或神经过敏，甚至厌恶自己。

我认识的一个女性嫁给了一个野心勃勃、很有进取心、独断专行的政治家，于是，夫妇两人的社交圈——所谓的名流圈子里——横行着以社会地位和金钱数量来权衡人的标准。这位女性温柔贤淑，有谦虚的性格。在这种环境中她的优点都被别人认为的缺点所取代。她越来越自卑，直到讨厌自己。

在我看来，这个女人的问题的关键不在于她无法适应环境，而在于她无法适应和接受自己，无法心平气和、快快乐乐地接受自己。她没有彻底明白一个人只能按照自己的性格而不可能按照别人的性格来行事。

她要做的第一件事就是不能用别人的标准来衡量自己。她必须明确自己的价值观，然后自信地生活，并且善于和自己相处，消除厌恶自己的情绪。

夸大自己错误的程度和范围是讨厌自己的人经常做的事情之一，适当的自我批评是好事，有利于一个人的成长。但是演变为一种强迫性的观念时，就会使我们变得瘫痪，不能聚集力量做积极正面的事。

有一位女士求助心理热线，说："我总是感到胆怯和自卑。别人好像都很沉着、自信。我一想到自己的缺点就感到泄气，于是就无法自如地说话了。"

每个人都有自己的缺点，但问题的关键不在于你的缺点，而在于你有多少优点。

决定一件艺术品和一个人的最终因素不是缺点。莎士比亚的作品中充满了历史和地理的基本常识的错误，狄更斯则尽力在小说中渲染伤感的气氛。但是谁计较呢？缺点并不妨碍他们成为一流的文学大师，因为优点才是最终的决定因素。我们在交朋友的时候也会感到对方缺点的存在，但是我们喜欢和他们交往是因为我们喜欢他们身上的优点。

自我完善的实现依赖于对优点的发挥，取长补短，而不是整天惦记着自己的缺点。

对以前和当前错误的过分计较会导致一个人的罪恶感和自卑感快速滋长，不用很久，我们就不再尊重自己，习惯性地对自己痛打五十大板。所以，我们一定要让以前的事情沉到水底，然后游到水面上来重新呼吸新鲜的空气。

要学会喜欢和接受自己，首先必须挖掘自己对缺点的包容之心。包容不代表我们要降低对自己的要求，然后躺在床上睡大觉，而是明白人无完人。对别人求全责备是不公平的，要求自己完美则是一种极端的苛求。

我认识的一个女人是个绝对的完美主义者。她要求自己做什么事情都没有疏漏。但在别人眼里，她是个失败的人。一个简单的报告她需要折腾几小时，耽误了自己和别人的时间；一篇主题演讲她什么都要涉及和讲解，结果让听众百无聊赖。她绝不接待临时到访的客人，因为她没有任何准备。她绞尽脑汁追求完美。事实上，她的确做到了一种形式意义上的完美，但直接的代价是毁掉了生活中的理解、自然和乐趣。其实，她所追求的完美并非完美本身，她是想超越别人，因为她不想自己在优点方面和别人处在同一水平线上。她总想鹤立鸡群。所以，她做事并不是出于发挥自己已有的才能，她并不能享受工作和生活的欢乐，只是为了超过别人，让自己在高高的完美的架子上昂起头。

人无完人，强迫性的对完美的追求一旦不成功，这个人就会变得讨厌，甚至憎恨自己。

人不能时时刻刻都处在特别认真的状态中，学着喜欢自己的前提之一，就是能偶尔放慢行进的脚步欣赏自己。

马里兰州的精神病协会董事巴缔梅尔说："过去的人习惯在睡觉之前回想一下当天的活动，做一下反省。现在的人好像已经很少用了，实际上，这仍然是一个有用的办法。"

除非我们能与自己好好相处，否则很难期待别人会喜欢与我们在一起。哈佛斯迪克曾经观察那些不能独处的人，形容他们好像"被风吹皱的池水一样，无法反映出美丽的风景来"。

独处能使我们发现内在的休息港口，能有参照的对象，是我们与外界接触的基础。安妮·马萝林柏在其著作《来自海洋的礼物》中曾说过："我们只有在与自己内心相沟通的时候，才能与他人沟通。对我来说，我的内心就像幽静的泉水，只有在独处时才能发现其美。"

独处能使我们更客观地透视自己的生命。《圣经》的诗篇里有一句忠言："要安静，便可知道我就是神。"这话至今仍是忠言。独处的确对我们的灵魂十分有益处，就好像新鲜空气对我们的身体极有帮助一样。

2.幽默女人，优雅风度

一个人只有足够智慧，具备乐观的信念，才能对一些不尽如人意的事泰然处之。

幽默就是智慧的一种集中体现，懂得适时用幽默去化解困境的人，是对自身力量充满自信的表现。

作为一个女人，只有对自己的前景充满希望，才能发出由衷的笑声。即使暂时处于逆境，仍能对生活充满信心，在生活中发掘幽默，用快乐来熨平生活留下的伤痕。而对那些整天皱眉、心事重重的女人来说，生活充满了痛苦和绝望，快乐不过只是幻觉。这样的女人，她们的谈吐又如何有幽默可言呢？

一次，一个女翻译与士兵们一起开庆功会。在与一个士兵碰杯时，那个士兵由于过于紧张，举杯时用力过猛，竟将一杯酒泼到了女翻译的头上。士兵当时吓坏了，可女翻译却用手擦擦头顶的酒笑着说："小伙子，你以为用酒能滋养我的头发吗？我可没听说过这个偏方呀！"说得大家哈哈大笑，令这个士兵对女翻译充满了感激和崇拜。多么聪明的女人！

幽默的女人，说出话来虽让人感到如憨似傻，却因心境豁达，令人感受到她朴实的天性和无穷的智慧。如果女人都能拥有一份旷达朗润如万里晴空的心境，其言谈也就完全能够达到"无意幽默，但却幽默自现"的境界。

善于使用幽默的女人，她们常常能将窘迫的情境化为乌有，这实在令人羡慕。有个女议员发表演讲，在大家都侧耳倾听时，突然座中有一个听众的椅子腿折了，使得这个听众跌落在了地上，其他听众的注意力因此而分散了。女议员见状急中生智，紧接着椅子腿的折断声大声说道："诸位，现在都相信我所说的理由足以压倒一切异议声了吧？"话音一落，底下立即响起了一阵笑声，随后，就是热烈的掌声。

大家都喜欢听幽默的语言，就像喜欢听动人的音乐、欣赏美妙的文章一样；和谈吐幽默的女人在一起，就如同置身于蔚蓝的大海边或壮美的大山中一般让人陶醉。

懂幽默的女人必定是乐观的，她心胸开阔，哪怕是走到人生的低谷，她也会微笑面对。在她的笑声中，人们可以听出她的希望；懂幽默的女人必定是开朗自信的。她不一定会向所有的人敞开心扉，但她懂得与人分享她的喜怒哀乐。她不会把事情憋在心中，每天郁郁寡欢，她有一个健康的心态。懂幽默的女人必定是宽容的，她不会斤斤计较，她懂得与人为善。即使别人伤害了她，她也不会与人针锋相对，硬碰硬地拼个你死我活。

一个幽默的人具有无穷的人格魅力，足够智慧，才足够幽默，足够优雅。

3.人生是一场心灵的修行

有时候，当我们确实处于恶劣的客观环境中，无力又无望改变现实，那如何使自己不溺于败局，而保持开朗平和的心态呢？

林克身为犹太裔心理学家，"二战"期间被关进纳粹集中营，遭遇极其悲惨。他的父母、妻子和兄弟均死于纳粹的魔掌，家族的亲人中只剩下一个妹妹。他本人更是受到严刑拷打，朝不保夕。

有一天，他赤身独处于囚室，忽然之间顿悟，产生了一种全新的感受——日后命名为"人类终极的自由"。当时他只知道这种自由是纳粹德寇永远也无法剥夺的。从客观环境上来看，他完全受制于人，但自我意识却是独立的，超脱于肉体束缚之外。他可以自行决定外界的刺激对本身的影响程度。换句话说，在刺激与反应之间，他发现自己还有选择如何反应的自由与能力。

他在脑海里设想各式各样的情况。譬如，获释后将如何站在讲台上，把在这一段痛苦折磨中学得的宝贵教训，传授给自己的学生。凭着想象与记忆，他不断锻炼自己的意志，直到心灵的自由终于超越了纳粹的禁锢。他的这种超越也感染了其他的囚犯，甚至狱卒。他协助狱友在苦难中找到意义，寻回自尊。处在最恶劣的环境中，林克运用难得的自我意识天赋，发掘了人性中最可贵一面，那就是人有"选择的自由"。这种自由来自人类特有的天赋，除了自我意识，我们有良知，能明辨是非和善恶；还有想象力，能超出现实之外；更有独立意志，能够不受外力影响，自行其是。

林克在狱中发现的人性准则，正是我们营造自治自立人生的首要准则——自由择志。自由择志的含义不仅在于采取行动，还代表人必须为自己的行为负责。个人行动取决于人本身，而不是外在环境。不要说你没有办法，也不要说你控制不了，理智可以战胜情感，人有能力、也有责任创造有利的外部环境。特别是对待失败、打击、挫折，宜用理智来处理。

如果你能做到这些，那就接近禅理了。平常生活中，禅如何教人安心呢？禅的态度就是：知道事实，面对事实，处理事实，然后就把它放下。无论遭遇任何状况，都不要认为它是一件不得了的事，如果已经知道可能会发生什么不如意的事，能让它不发生是最好的；如果它一定要发生，担心又有什么用？担心、忧虑不仅帮不了忙，可能还会令情况变得更严重，唯有面对它才是最好的办法。

当我们对外部环境无能为力时，也不要放弃，要培养自我的心灵自由，将自我引向积极和美好的一面。始终在内心积聚力量，等待时机，最终为自己赢来好的外在环境。

面对挫折打击，一定要记住，你有选择的权利。选择健康、快乐和幸福，你的潜意识就会接受，并使你成为这样的人。

积极寻求美好的事情，你就会找到快乐，走向成功；总是关注失意的事情，你就会走向失望的深渊，无力面对生活，无力面对失败。所以，战胜挫折情绪吧，用理智战胜情感，走一条快乐的人生之路。

英国作家萨克雷有句名言："生活是一面镜子，你对它笑，它就对你笑；你对它哭，它也对你哭。"如果我们心情豁达、乐观，我们就能够看到生活中光明的一面，即使在漆黑的夜晚，我们也知道星星仍在闪烁。

一个心境健康的人，就会思想高洁、行为正派，就能自觉而坚决地摒弃肮脏的想法，不与邪恶者为伍。我们既可能坚持错误、执迷不悟，也可能相反，这都取决于我们自己。这个世界是我们自己创造的，因此，它属于我们每一个人，而真正拥有这个世界的人，是那些热爱生活、拥有快乐的人。也就是说，那些真正拥有快乐的人才会真正拥有这个世界。性格对一个人的生活有着极为重要的影响。性格好的人总能看到生活中好的东西，对这种人来说，根本就不存在什么令人伤心欲绝的痛苦，因为他们即便在灾难和痛苦之中也能找到心灵的慰藉，正如在最黑暗的天空中心灵总能或多或少地看见一丝亮光一样。尽管天上看不到太阳，重重乌云布满了天空，但他们还是知道太阳仍在乌云上，太阳的光线终究会照到大地上来。

这种使人愉悦的性格不会遭人嫉妒。具有这种性格的人，他们的眼里总是闪烁着愉快的光芒，他们总显得欢快、乐观、朝气蓬勃，他们的心中总是充满阳光。当然，他们也会有精神痛苦、心烦意乱的时候，但他们不同于别人的就是他们总是愉快地接受这种痛苦，没有抱怨，没有忧伤，更不会为此浪费自己宝贵的精力，而是拾起生命道路上的花朵，奋勇前行。

具有乐观、豁达性格的人，无论在什么时候他们都感到光明、美丽和快乐的生活就在身边。他们眼睛里流露出来的光彩使整个世界都溢彩流光。在这种光彩之下，寒冷会变成温暖，痛苦会变成舒适。这种性格使智慧更加熠熠生辉，使美丽更加迷人灿烂。那种生性忧郁、悲观的人，永远看不到生活中的七彩阳光，春日的鲜花在他们的眼里也顿时失去了娇艳，黎明的鸟鸣变成了令人烦躁的噪声，无限美好的蓝天、五彩纷呈的大地都像灰色的布幔。在他们眼里，世界是令人厌倦的、没有生命和没有灵魂的苍茫空白。

尽管愉快的性格主要是天生的，但正如其他生活习惯一样，这种性格也可以通过训练和培养来获得或得到加强。我们每个人是否能充分地享受生活，懂得生活的乐趣，这在很大程度上取决于我们从生活中提炼出来的是快乐还是痛苦。我们看到的是生活中光明的一面还是黑暗的一面，这在很大程度上决定着我们对待生活的态度。任何人的生活都是两面的，选择哪一面则在于我们自己。

我们完全可以运用自己的意志做出正确的选择，养成乐观、豁达的性格。乐观、豁达的性格有助于我们看到生活中光明的一面，即使在最黑暗的时候也能看到光明。

4.学会对自己的人生负责

有一天，我正在学走路的小女儿想将客厅的一把小椅子搬到厨房去，因为她想站上去拿冰箱里的东西。我看到这一情景，急忙冲过去，但还是没能阻止她从椅子上摔下来。我走过去扶起她，看她摔伤了没有时，只见她朝那把结结实实的椅子狠狠地踢了一脚，并且还十分生气地骂道："都是你这坏家伙，害得我摔了一跤！"

在日常生活中，如果你留心一下幼儿的生活，你一定会听到或见到更多类似的故事。在孩子们眼里，他们的这种行为是极其自然的。他们喜欢责怪那些没有生命的东西，或是毫不相干的人物，似乎这样做就可以减轻自己跌倒的痛苦。他们的这种表现是再正常不过的行为。

但是，如果一直将这种反应行为模式和习惯持续到成人期，那就需要重视，因为它会给你带来许多麻烦。自古以来，人们就普遍存在着一种诿过于人的不良倾向。偷吃了禁果的亚当，最后把过错全都推向了夏娃："都是那妇人引诱我，我才吃下去的。"

一个人要让自己变得成熟，首先要做的就是让自己学会承担责任。我们生活在这个世界上，必须面对生命中的许多责任，在受难或跌倒的时候，绝不可像孩子一样去踢椅子出气。

为什么生活中有如此多的人喜欢让他人去承担责任呢？细想一下便会知道，因为责怪别人比自己承担起责任肯定要容易得多。想想你自己是否经常喜欢责怪父母、老板、师长、丈夫、妻子或儿女，我们甚至喜欢责怪先祖、政府，以及整个社会，甚至责怪自己为什么会来到这个世上。

在不成熟的人眼里，他们永远都可以找到一些理由，而且是外部环境的理由，通过这些来解脱他们自身的某些缺点或不幸。比如，他们的童年极为穷困、父母过于贫苦或过于富有、没有受过良好的教育、教导方式过于严格或过于松懈和健康情况恶劣等。

在家庭生活中，也有人埋怨丈夫（妻子）不了解自己，或是命运与自己作对——你有时不禁要感到奇怪：为什么这个世界要一致起来欺负这些人呢？对这些人来说，他们从没想过要怎么去克服困难，而是先去找一只替罪羔羊。

在我（卡耐基开创的"人际关系训练班"遍布世界各地。——编者注）班上曾经有一名学员跑到办公室来找我。那天，我们的课程是训练学员记忆别人的姓名。那位学员向我这么说道："我希望你不要指望我能记住别人的姓名，这正好是我的弱点，我的记忆力一向都不好。"

"为什么呢？"我问道。

她回答："这是我这个家族所遗传的。我的家族的记忆力一向都不好，所以，我也不期望在这方面有什么改善……"

我诚恳地说："姑娘，你的问题不在遗传，而在一种惰性。因为你认为责怪家族的遗传比努力提高自己的记忆力要容易得多。你现在坐下来，我可以证明给你看。"

在她坐下来之后，我帮助她做了几个简单的记忆训练。由于她十分专心，因此收到了非常好的效果。当然，要她改变原有的观念还需要一些时间。由于她愿意接受我的建议，终于克服了记忆上的困难，记忆力得到了很大改善。

著名医师威廉·戈夫曼写过一篇极精彩的论文《乳儿精神病学》。文中提到目前日益增多的"心理密医"是如何把大家宠坏了。戈夫曼医师指出，许多向心理医生求助的人，通常喜欢为自己的弱点及与世俗格格不入的行为找出一个心理学上的借口，这样他们就仿佛得到了某种精神上的安慰。当心理学一直为那些不能面对成人世界的人寻找托词的时候，更有许多人继续把他们所遇到的困难，归咎于各种外界因素。

如果你看过《圣经》对耶稣事迹的描述，你便会明白耶稣最引人注意的品质之一，便是他择善坚守、毫不妥协的性格。当有人找他帮忙或医病的时候，他不会浪费时间去细查对方的潜意识，或去找出何人或何事该为此人目前的困境负责任。"拿着你的被褥回家去吧！不要再犯罪，你的罪已被赦免……"

耶稣要表示的态度很显然：把人的生活改造得更美好才重要，而不是整日沉溺在自怜的深渊。

有一次，我和朋友一起去参观一个书展。那位朋友时常夸耀自己对现代艺术的知识掌握得多么精深。当时，我看到一幅画，作风十分草率，便无意中说出自己对这幅画的感受："我家里有个三岁的小孩，说不定可以画得比这好。假如这是艺术，我便是米开朗琪罗了。"

这位朋友回答道："你对人类精神的痛苦，难道没有丝毫感觉吗？这位艺术家所要表现的，是原子时代人类精神上的压力与迷惑。"

不错，就连一位画得不知所云的艺术家，也可以把自己的无能归罪于原子时代！

但有一件事是可以肯定的。假如原子时代能对人类带来任何希望或满足，而不是破坏或死亡的话，那么我们需要的是坚强、成熟的个人，即那些能够，而且愿意为自己行为承担责任的人。

对那些希望能控制自己人生的人来说，他们应该是：

要承担自己行为的后果，要为自己的行为负责，而不是光踢椅子！

5.要有一颗勇敢的心

人生最大的风险就是永远不冒险。要冒一把险！整个生命就是一场冒险，走得最远的人常是愿意去做、愿意去冒险的人。

"冒险"这个名词其实我们是有些避讳的，好像它只是一种盲目行动或孤注一掷。其实冒险从本质上说体现着一种个体性，但这种个体性并不与和谐相冲突。重大的和谐便是持久的个体的和谐，是一种包含了冒险精神的和谐。

从福布斯排行榜看，这些富人的一个共同特征，那就是他们天生喜欢冒险，不管是钱还是其他，他们都敢拿去冒险。在任何一个时代任何一个国家都会有这样一部分人，他们善于冒险、敢于冒险、乐于冒险。摩洛·路易士就是这部分人中的一个。

摩洛·路易士的非凡成就来自两次成功的冒险，一次在20岁，一次在32岁。

　　19岁时摩洛·路易士随家人一起迁到纽约。他在一家广告公司找到一份差使，每周14美元的薪酬。那时摩洛·路易士经常跑外勤，工作非常忙碌，成天疯狂工作。6点下班以后，他还到哥伦比亚大学上夜校，主修广告学。有时候，由于没完成工作，下课后还会从学校赶回办公室继续完成工作，从晚上11点一直工作到第二天凌晨2点，是经常的现象。

　　摩洛·路易士喜欢具有创意的工作，他也确实有这方面的才能。

　　当20岁时，他放弃了广告公司颇有发展前景的工作，决心自己独闯一片天空。他开始了人生中的第一次冒险。他投身于未知的世界，从事创意的开发。主要是说服各大百货公司，通过CBS电视公司成为纽约交响乐节目的共同赞助商。当时，这种工作对人们来说是陌生的，很难接受，于是摩洛·路易士遇到了前所未有的困难。所以，几乎所有人都认为他不会成功。

　　摩洛·路易士却仍旧信心百倍地进行说服工作。工作有了相当程度的进展：一方面，他的创意很受欢迎，与许多家百货公司签成合约；另一方面，他向CBS电台提出的策划方案也顺利被接受。成功近在咫尺了，但最终却由于合约存在的一些小问题而中途流产。但这并没使他一蹶不振，就在这件事结束之后不久，一家公司聘请他为纽约办事处新设销售业务部门的负责人，薪水也相当可观。于是，摩洛·路易士在这里充分发挥自己的潜力，施展了自己的才华。

几年后，摩洛·路易士又回到久别的广告业，担任承包华纳影片公司业务的汤普生智囊公司的副总经理。

当时，电视尚未普及，处于起步阶段。但摩洛·路易士却看好这个行业的前景，开始他人生中的第二次冒险。由他们公司所提供的多样化综艺节目，为CBS公司带来空前的效益。摩洛·路易士的冒险并不是孤注一掷，是看准后才下赌注的。最初两年，他仅是纯义务性地在《街上干杯》的节目中帮忙，没想到竟使该节目大受欢迎。从1948年开始到今天整整40多年的时间，它的播映从未间断过，这是在竞争激烈的电视界内的奇迹。

摩洛·路易士的成功在于敢为天下先，敢于冒险，这也是多数人走向成功的一个共同因素。人生本身就是在冒险，你之所以不能成功，就是因为你害怕冒险。

企业家=冒险精神+领导力+创新。这是在北京国际饭店国际厅，面对着200多位中国企业家，5位诺贝尔经济学奖得主联手给企业家精神下的共同定义。可见，冒险精神是一个企业家必须具备的重要特性。如果你不敢采取任何冒险行动，那你就永远也不会成功。如果你说不敢冒险的话，那我告诉你，其实，你每天都在冒险，开车上班是一种冒险，游泳是一种冒险，吃生鱼是一种冒险，只是由于你对其中的大多数情况习以为常，所以这些冒险没有引起你的注意而已。

　　你总是在犹豫：如果那么做失败了，被解雇怎么办？如果采取了那种方式，失败怎么办？还是不去冒那个险了。你就在这样的重重顾虑下，裹足不前，成功也就离你越来越遥远。适当地培育冒险精神，你才有可能突破自我，脱颖而出，走向卓越。

6.书香熏陶女人优雅的气质

从《京华烟云》到《青花》，温婉的赵雅芝一直光彩照人地美丽着，有谁想到生于1954年的她却是三个孩子的母亲呢？岁月流逝，气韵犹存，那份婉约的书卷气，令人怦然心动，仿佛她真是那西湖岸边的白娘子，可以演绎不老的美丽。

在娱乐圈里说到知性美，无疑要提到刘若英。她不仅是歌手，亦是创作人，她作曲、写歌，还尝试文学创作。她虽没有非常漂亮的脸蛋，却像她的绰号"奶茶"一样，美得含蓄而不容忽视。

注重内在知识的丰富、智慧的修养对女人来说是至关重要的。你每天多读一点书，你的心灵便会多得到一点滋润。红颜易逝，但智慧可以永存。

书籍是人类的精神财富，书籍更是女人的最佳美容品。读书带给女人思考；读书带给女人智慧；读书会使女人空荡荡的漂亮大眼睛里变得层次丰富、色彩缤纷；读书教会女人在笑的时候笑，在忧伤的时候忧伤；读书还使女人明白自身的价值、家庭的含义，明白女人真正的美丽在哪里。

"读史使人明智，读诗使人灵秀，数学使人周密，自然哲学使人精邃，伦理学使人庄重，逻辑修辞学使人善辩。"培根在《随笔录·论读书》中写出了读书的益处。晚清民初著名学者王国维曾借用三句宋词概括了治学的三种境界：第一境界，"昨夜西风凋碧树，独上高楼，望尽天涯路"；第二境界，"衣带渐宽终不悔，为伊消得人憔悴"；第三境界，"众里寻他千百度，蓦然回首，那人却在灯火阑珊处"。由此可见，读书学习只有甘于寂寞，不怕孤独，日积月累，持之以恒，才能到达"灯火阑珊"的境界。

作家林清玄在《生命的化妆》一文中说到女人化妆有三个层次，第一层的化妆是涂脂抹粉，表面上的功夫。第二层的化妆是改变体质，让一个人改变生活方式、保证睡眠充足、注意运动和营养，这样她的皮肤会得以改善、精神充足。第三层的化妆是改变气质，多读书、多欣赏艺术、多思考、对生活乐观、心地善良。因为独特的气质与修养才是女人永远美丽的根本所在。

喜欢读书的女人内心是一幅内涵丰富的画，文字可以书写性情、陶冶情操。喜欢读书的女人常常是有修养、有素质的女人。一个女人最吸引人的地方就在于她丰富的内心世界，从而表露出来的优雅气质。"书中自有黄金屋，书中自有颜如玉。"岁月的流逝可以带走姣好的容颜，却无法带走女人越来越美丽和优雅的心灵。书籍，是女人永不过时的生命保鲜剂。

世界有十分美丽，但如果没有女人，将失掉七分色彩；女人有十分美丽，但如果远离书籍，将失掉七分内蕴。读书的女人是美丽的，"腹有诗书气自华"。书一本一本被女人读下肚的时候，书中的内容便化成了营养从身体里面滋润着女人，由此女人的面貌开始焕发出迷人的光彩，那光彩优雅而绝不显山露水，那光彩经得起时间的冲刷，经得起岁月的腐蚀，更经得起人们一次次的细读。正因为如此，你将不再畏惧年龄，不会因为几丝小小的皱纹而苦恼。因为，你已经拥有了一颗属于自己的智慧心灵，有自己丰富的情感体验，你生活中的点点滴滴，将会书香四溢。

书是女人永恒的情人，它不弃不离，始终如一，永远都在奉献，从不索取回报。书还是女人保持个人魅力的法宝，让皱纹迟到，让青春不老，是每一个女人心中的梦想。让女人青春不老的法则就是：多读书，让自己的心态年轻起来。一个与时代同步的女人，一定会是一个喜欢读书的女人，书会让她从内而外都散发出迷人的光彩。

读书的女人是美丽的女人，美得那么别致，即使不施脂粉也是优雅淡泊、气度不凡；读书的女人是成熟的女人，追求物质上简单生活，灵魂中却有繁杂的要求。这样的女人身上蕴藏着极大的能量，因为她知道什么可以放弃，什么必须坚守。只有成熟的女人，才会生成自己独具的内在气质和修养，才会有自信，才会有岁月遮盖不住的美丽。这是从内到外统一和谐的美丽，是岁月无可奈何的美丽。

对于读书可以丰富一个人的内涵，改变一个人气质的功效，20多岁的女人一般都不会怀疑，问题是，对自己来说，读书应当从何处开始呢？

从书籍中汲取营养，是一个潜移默化的过程，有些书籍或者也可能给你一种提示，指明方向，但要取得真正的进步，还是要靠自己继续修炼。同时，也没必要迫于当时的潮流去读一些晦涩的，或者自己不喜欢的书，与其囫囵吞枣，不如找些对胃口的东西吃。

书籍并没有性别，文学、历史、哲学、戏剧、政治，男人可以看女人也可以看，不过，对于读什么书，男女的喜好还是有一些不同的，女人天生就有着和男人不同的读书兴趣。男人爱读强者成功史、历史、军事、营销，很多女人却更偏好美容手册、瘦身宝典、菜谱等生活类图书，或是其他一些文学作品。

女人们天生感性，不爱读晦涩难懂的哲理书、残酷的军事书、枯燥的营销书，也是情有可原。其实只文学一类，读通了，也大有天地。只要细心去体味，文学之中也不乏人生哲理、征战攻伐。文学是一个窗口，女人可以通过它以审美的眼光来看待生活。

无论中外，文学作品的好处在于感同身受的经历，每一本书、每一个故事，都是一首感人肺腑、荡气回肠的歌。对女人来说，心灵的丰富需要人生的经历，可是现代生活却不能给她太多经历的机会。因此，读书，特别是读那倾情演绎人世悲欢的文学名著，在最短的时间里，跟随书中人物走完一生。别人的故事，能够帮助我们领悟人生、丰富情感。

女人读书，不仅要读名著、读画册、读随笔，还有一种广义的书，也是需要你花时间的，可以把它们都叫作"读书品"。比如，你要看报纸，了解时事；你要浏览专业杂志以便更出色地工作；你要定期购买文化类、生活类的期刊，让自己紧跟时尚、解读潮流；你需要音乐的灵魂来安抚你的内心，你的耳朵也需要"读书"；你要关心新上映的电影，不忘给自己视觉和听觉来一点享受；你还要带着灵敏的鼻子到网上冲浪，去捡拾那些晶莹的浪花，让自己永不枯竭……

著名女作家毕淑敏说："日子一天一天地走，书要一页一页地读。清风朗月水滴石穿，一年几年一辈子地读下去。书就像微波，从内到外震荡我们的心，徐徐地加热，精神分子结构就改变了、成熟了，书的效力就凸显出来了。"

这种潜移默化的改变，是女人立世的根本，不管你的理想是在事业上的成就还是在家庭中的位置，自己的智慧和内涵都是最好的基础。

魅力女人总是充满书卷气息的，有一种渗透到日常生活中不经意的品位，有一种无须修饰的清丽、超然与内涵混合在一起，像水一样柔软，像风一样迷人。女人一定要书香气十足，多读好书。

岁月会为读书的女人带来皱纹，却夺不去她的睿智和善良；岁月会为读书的女人带来白发，却带不走她内在的魅力和修养。岁月可以夺走一切，却夺不去那颗宽厚、智慧、纯真、善良而又骄傲的心，在人生旅途上，读书的女人会走得更加从容、更加美丽。

Lesson 3
良好的修养是优雅的支撑力

行为胜于言论，对人微笑就是向人表明："我喜欢你，你使我快乐，我喜欢见到你。"

——卡耐基

1.有涵养的女人温暖一生

如果我们给自己一面心灵的旗帜，保持一种健康向上的心态，即使我们身处挫折，四面楚歌，也一定能看到未来的美景。

有两个重病人同住在一家大医院的小病房里。房子很小，只有一扇窗可以看见外面的世界。其中一个病人的床靠着窗，他每天下午可以在床上坐一小时。另外一个病人则终日都得躺在床上。

靠窗的病人每次坐起来的时候，都会描绘窗外的景致给另一个病人听。从窗口可以看到公园的湖，湖内有鸭子和天鹅，孩子们在那儿撒面包片，放模型船，年轻的恋人在树下携手散步，在鲜花盛开，绿草如茵的地方人们玩球嬉戏，后头一排树顶上则是美丽的天空。

另一个病人倾听着，享受着每一分钟。他听见一个孩子差点跌到湖里，一个美丽的女孩穿着漂亮的夏装……朋友的诉说几乎使他感觉到自己亲眼目睹了外面发生的一切。

在一个天气晴朗的午后，他心想：为什么睡在窗边的人可以独享外头的权利呢？为什么我没有这样的机会？他觉得不是滋味，他越是这么想，就越想换位子。他一定得换才行！这天夜里，他盯着天花板想着自己的心事，靠窗的病人忽然惊醒了，拼命地咳嗽，一直想用手按铃叫护士进来。但这个人只是旁观而没有帮忙——他感到同伴的呼吸渐渐停止了。第二天早上，护士来时靠窗的病人已经死了，他的尸体被静静地抬走了。

过了一段时间，他开口问，他是否能换到靠窗户的那张床上。他们搬动他，将他换到了那张床上，他感觉很满意。人们走后，他用肘撑起自己，吃力地往窗外望——窗外只有一堵空白的墙。

如果他心存善意，按铃帮助另一个人，他还可以听到美妙的窗外故事。可是现在一切都晚了，他看到的是什么呢？不仅是自己心灵的丑恶，还有窗外一无所绘的白墙。几天之后，他在自责和忧郁中死去。

一个人只有心存美的意象，才能看到窗外的美景。命运对每一个人都是公平的，窗外有土也有星，就看你能不能磨砺一颗坚强的心、一双智慧的眼，透过岁月的风尘寻觅到辉煌灿烂的星星。

摆正了自己的心态，我们便会在一个愉悦轻松的环境中生活、工作，我们会感觉到每天都阳光灿烂，从而能完全地放松身心，享受人生。

一个人的成功，有时并不需要波涛汹涌式的艰难历程，伟大生活的基本准则都包含在最日常的言行之间。也许，一句亲切的话语、一个友善的致意或一项小小的援助计划，本身就蕴藏着成功的契机。因此，在生活中懂得处处为别人奉献爱心和真诚，不经意间你就会遭遇幸运之神。

前任挪威驻中国大使石丹梧的夫人——杨二车娜姆，是一个来自泸沽湖畔的摩梭乡下女孩。她甜美的歌声响彻全世界，被世人喻为中国的"夜莺"。她在事业和爱情上的一帆风顺，源于一个神秘老人的资助。

娜姆初到美国留学时，生活拮据。她白天学习音乐和英语，晚上就在一个小餐厅里当服务生。那天，一个面容憔悴、神情凄苦的老人，为躲避外面的狂风走进餐厅。大家都漠视他，甚至有人因为他的寒酸要赶他出门。只有娜姆动了恻隐之心，她知道有很多美国老人晚年都很孤独凄苦。于是，她搬了一把软椅让老人休息，并自掏腰包为他要了饮料。为了让老人开心，还专门为他点唱了中国的民歌，并热情邀请他参加中国留学生的聚会。渐渐地，老人笑逐颜开了。

两个月后，这位老人交给娜姆一封信和一串钥匙，信里装着一张巨额支票，娜姆惊愕万分。信的内容如下：娜姆，我年轻的时候收养了三个越南孤儿，为此一直没有结婚。可当我含辛茹苦地教育他们长大成人自立后，他们却抛弃了我这个养父。我退休前在一家公司当工程师，有着丰厚的收入，但钱对我这个历尽沧桑、将要入土的老人毫无意义，我需要的是亲人的温暖和友谊。娜姆，只有你给过我这种金钱难买的情谊。现在，我已回到乡下落叶归根，我把这一生的积蓄和房子都留给你，用这些钱来实现你源于泸沽湖畔的音乐梦吧。

从此，老人音讯全无。娜姆心潮澎湃，感慨万千。

为了告慰老人，她用这笔钱做了一张风靡全球的中国民族音乐专辑，并开始致力于中外文化交流，也因此结识了她的先生——前任挪威驻华大使石丹梧。他真挚的爱情让娜姆的歌声插上了幸福的翅膀，尽情地翱翔在世界各地。

对别人表达善意和真诚，并不需要我们为此付出很多、很昂贵的代价。有时候，伟大生活的基本准则都包含在最日常的言行之间。

2.内心宽容，就有力量

"二战"时期，莱德勒少尉服役的美国海军炮艇"塔图伊拉"号停泊在威尔士。这天，他兴致勃勃地参加当地举办的一种碰运气的"不看样品的拍卖会"。

那位拍卖商是以恶作剧而出名的，所以当拍卖一个密封的大木箱时，在场的人都肯定箱里装满了石头。然而，莱德勒却开价30美元，拍卖商随即喊道："卖了！"

打开木箱，里面竟是两箱威士忌酒——在战时的威尔士，这是极珍贵的酒。

于是，众人大哗，那些犯酒瘾的人出价30美元买一瓶，却被莱德勒回绝了，他说他不久要被调走，正打算开一个告别酒会。

当时，在威尔士的美国著名作家海明威也犯了酒瘾，他来到"塔图伊拉"号炮艇对莱德勒说："听说你有两箱醉人的美酒，我买6瓶，要什么价？"

莱德勒婉言拒绝了。

海明威掏出一大卷美钞，说："给我6瓶，你要多少钱都行！"

莱德勒想了一想说："好吧，我用6瓶酒换你6堂课，教我成为一个作家，如何？"

作家做了个鬼脸，笑道："老兄，我可是花了好几年工夫才学会干这行，这价可够高的。好吧，成交了！"

如愿以偿的莱德勒连忙递上6瓶威士忌。

接下来的5天里，海明威不失信用地给莱德勒上了5堂课。莱德勒很为自己的成功得意，他以6瓶酒得到美国最出名的作家指点。海明威眨眨眼说："你真是个精明的生意人。我只想知道，其余的酒你曾偷偷灌下多少瓶？"莱德勒说："一瓶也没有，我要全留着开告别会用呢。"

海明威有事要提前离开威尔士，莱德勒陪他去机场。海明威微笑道："我并没忘记，这就给你上第6课。"

在飞机的轰鸣声中，他说："在描写别人前，首先自己要成为一个有修养的人……"

海明威接着说："第一要有同情心；第二能以柔克刚，千万别讥笑不幸的人。"

莱德勒说："这与写小说有什么相干？"

海明威一字一顿地说："这对你的生活是至关重要的。"

正在向飞机走去的海明威突然转过身来，大声道："朋友，你在为你的告别酒会发请柬前，最好把你的酒抽样检查一下！再见，我的朋友！"

回去后，莱德勒打开一瓶又一瓶酒，发现里面装的全是茶。他明白，海明威早就知道了实情，然而只字未提，也未讥笑人，依然遵诺践约。此时，莱德勒才懂得，海明威教导他要做一个有修养的人的含义。

很多时候，由于种种原因，许多人犯错误，大多是心理问题，而不是道德问题，对一些问题有不正确的看法或错误做法是难免的。海明威正是意识到了这一点，才巧妙地给莱德勒上了一课。其实，生活中，只要我们有一颗宽容的心，我们就可能会给那些犯错误的人很多帮助。

台湾一位不知道姓名的禅师，住在深山简陋的茅屋修行。有一天散步归来，发现自己的茅屋遭到小偷的光顾。当找不到任何财物的小偷失望地离开时，却在门口遇见了禅师。原来禅师怕惊动小偷，一直站在门口等待，而且早就把自己的外衣脱下拿在手中。小偷回头看见禅师，正感到惊愕时，禅师却宽容地说："你走了老远的山路来探望我，我总不能让你空手而归呀！夜深天寒，你就带上这件衣服走吧！"说完，把衣服披到了小偷的身上。小偷不知所措，惭愧地低着头悄悄溜走了。

禅师看着小偷的背影渐渐消失在茫茫的夜幕深处，不禁叹道："唉，可怜的人，如此黑暗的夜晚，山路又是那样崎岖难行，但愿我能送给他一轮明月，在照亮他心灵的同时，也照亮他下山的路。"

第二天，当禅师从松涛鸟语的喧闹中醒来时，惊讶地发现他送给小偷的那件外衣，整整齐齐地叠好放在茅屋的门口。老禅师的宽容，最终使小偷良心发现，归于正途。

宽容他人是心胸豁达的表现，是一种非凡的气度，是对人对事的包容与接纳。有了这种气度、这种胸怀，就能海纳百川、包容万物。当你用宽容的眼光去看待自己的遭遇时，你会发现它能丰富你的经历，对的，是踏向将来的基石；错的，是未来的借鉴。这种经历对人来说，就是一笔特殊的财富。

3.自信的女人最美丽

什么是信心？信心可以使思想充满力量，你可以在强有力的自信心的驱策下，把自己提升到无限的高峰。对自己有信心，对未来有信心。信心是"永恒的特效药"，它赋予思想以生命、力量和行动。信心是所有奇迹的基础，是所有不能用科学法则加以分析的神秘事物的基础。信心能把人们有限的心智所产生的普通思想转变为精神力量。

自信是成功的第一秘诀。自信心的梳理，不在于和别人比较，而是把自己的今天和昨天去比。当你遇到困难的时候，请记住一句话：没有永远的困难，也没有解决不了的困难，只是解决时间的长短而已。困难只不过是一种为人生增添色彩的颜料而已。只要你对自己有信心的话，那么什么困难都难不倒你。一个人怎样培养自信心呢？相信自己行，就没有克服不了的困难。

"我能行"的人，正是那些遇到困难时能"再坚持一下"的人。每天在心中默念"我真棒，我能行"。只要努力，方法得当，那么什么事都能办得到。遇到困难千万别低头。

每个人都有遇到挫折的时候，但千万不要因为一时受挫，而对自己的能力产生怀疑，进而形成一种压力。

当你遇到挫折的时候，应该保持头脑清晰、勇敢面对现实、不要逃避。冷静地分析整个事件的过程，分析一下是自己本身存在的问题，还是由于外来因素而引起的呢？还是两者皆有呢？假如是自身因素的话，那么自己就应该好好反省一下，为什么会犯这样的错误呢？以后应该怎样做，才能避免同类事件的发生呢？事情已经发生了，不要急于去追究责任或是责怪自己，而应该想想事情是否还有挽回的余地呢？要是有的话，应该怎样做才能把损失或伤痛降到最低呢？应该怎样做自己才会感觉舒服一点呢？

现实生活中，女性怎样保持自信呢？

第一，女性要在社交中增强自信。女性需要社交，需要与人接触，在与人们的交往中得到自我意识，获得信心。尤其是现代社会，社交已是社会生活中不可缺少的内容之一，对女性来说，社交的成功与否，社交圈的大小，交往对象层次的高低，都会直接影响到她们的自信心、情绪、情感和对人的认识。

第二，每天都能保持甜美的笑容。笑是快乐的表现。笑能使人产生信心和力量；笑能使人心情舒畅，精神振奋；笑能使人忘记忧愁，摆脱烦恼。学会笑，学会微笑，学会在受挫折时笑得出来，就会提高自信心。

第三，做人一定要昂首挺胸，同时也要学会主动与他人交往。昂首挺胸是富有力量的表现，是自信的表现。积极的自我形象和健康的生活态度，可增强你抵抗压力与疾病的免疫力。

女人要想得到别人的肯定，首先就要自己在内心里肯定自己，而内心的肯定源于女人的自信。自信的女人不一定有闭月羞花的容貌，可一定在众人中有鹤立鸡群的气质。她开心、她快乐、她尽情地享受生命的乐趣，又清醒地保持灵魂的明净。她深知阳光与黑夜的交替，身临困境心中依然有光明和希望，决不气馁。她的心像一颗种子，历尽沧海桑田，洞彻世事烟云，依然会顽强地从沙土里开出鲜花。她的笑声和细语如冬日暖阳，即使在逆境中也能化解人们心中坚硬的冰。

只有那些信得过自己的人，别人才会放心地将责任托付给他。缺乏胆量、对任何事情没有主见、处理事情迟疑不决，不敢自己做主，还怎么能挑起重担，独当一面，去获得成功呢？从容自信是一种感觉，拥有这种感觉，人们才能怀着坚定的信心和希望，开始伟大而光荣的事业。从容自信能孕育信心，你能通过充满信心的活动使别人对你和你的意见产生信心。生活中的许多问题、困难，实际上正是来源于你的信心不足，一旦获得了信心，许多问题就将迎刃而解。任何一个女人都可能存在这样那样的不足，如果在不足面前让自己成为抱怨者，那么一生就只能与失败为伍了，如果我们用坚强的、从容自信的心与实际的行动去提高自己，能促使我们成就一段无悔的人生！

从容自信能使你保持最佳心态，给你最佳状态，增强你进取的勇气。从容自信是挖掘潜力的最佳法宝，如果你能坚定地相信自己，那么你才敢于奋力追求，实现自身价值，才敢于去干事，也才会激发自己的潜能。从容自信不是一句空话。从容自信不是自欺欺人。我们每一个人都有充足的理由相信自己。如果生活中充满了从容与自信，生命将是非常美好的。

外表的美丽，会因为时间的消逝而渐渐暗淡，由内而生的自然魅力才是女人美丽的源泉，而且这种魅力正是建立在从容自信的基础上。从容自信所赋予的光彩永远不会因为时间而改变，从容自信是女性长久魅力的奥秘所在。

敏是位很灵慧的女人，然而遗憾的是，慧中有余而秀外不足。她有一张无论怎么瘦身也显得满满盈盈的田字脸，眉眼疏淡，怎么说也不是一位漂亮的女人。大多数女人如果生来像她这样，肯定会心灰意冷，自卑得不敢直面镜中的自己。可她，像美丽女人一样自信，虽然她也偶尔对镜自嘲是"阴错阳差"。但镜前的她活得快乐、洒脱、充实得让人羡慕。不美的她懂得如何使自己显得美丽，一头飘逸的长发，掩去半边嫌阔的脸，宽松的T恤，紧身的牛仔裤，显示出双腿的修长，她上图书馆，写文章，学钢琴，设计时装，生活得比许多漂亮女人更有声有色。正因她浑身洋溢着青春活力和特殊的魅力，不少出色的男人乐意和她交往，她现在的男朋友，就是一位曾迷倒了不少漂亮女人的研究生。"不管你长得怎样，青春就是美丽，从容自信就是魅力。"敏微笑着给大家分享她的经验。

人无完人，每个人都有自己的长处，身为女人要学会利用自己的优势，增加自己的自信和魅力。也许你不漂亮，也许你没那么聪明，也许你知识不渊博……可是，你身上总会有别人不具备的优势。所以，女人应该学会跟漂亮女人比聪明，跟聪明女人比漂亮。

任何女人只要像美女一样装扮自己，就一定能让自己漂亮起来：把自己所具备的美女条件适度放大；通过化妆让五官更加精致；通过选择适合自己的发型，弥补脸型的不足；用衣服的颜色、款式弥补身材的缺陷；穿上高跟鞋让娇小的身材显得高挑。当然，要想让别人觉得你是一位美女，前提是你自己要相信自己就是美女，这样才会使你的着装更得体、表情更自信、语调更清晰温和、举止更有风度。心理学家说过："相信自己美的人会越来越美。"

看来要成为美女并不是很难的事。可是，如果放眼望去周边尽是美女时，漂亮就会失去价值，这时候你就要想办法让自己变得聪明了。聪明的女人知道如何让自己生动起来，进而在众多的美女中脱颖而出。

生动的女人，首先要拥有独立的自我。她爱自己的男人但并不依赖他，她有很强的自信心，有自己独立的生活圈子，社交能力强，眼光从不局限于家庭琐事。她拥有自己丰富的内心世界，待人接物表现出的豁达与镇定，在不经意间向别人传递了更多的信息，让人心动。

生动的女人精神世界是丰富、充实的。腹有诗书气自华。高尔基说："学问改变气质。"如果一个女人一天到晚除了装扮外表，就是做家务或打牌搓麻将、闲聊逛荡，她是永远不可能气质高雅，充满魅力的。

看看林徽因的一生我们就应该知道，女人一定不能让自己淹没在琐屑的家务中，而是要锻炼自己的说话、为人处世的能力，加强自身的修养，让自己充满活力，让自己生动起来，成为一个仪态万方的"万人迷"。

20世纪30年代，北京东城北总布胡同有个"太太的客厅"，是"京派"文学和贵族文化的殿堂。"太太的客厅"就设在林徽因的家里。当时林徽因已经身染严重的肺病，但她仍保持着与生俱来的开朗和明丽，说起话来滔滔不绝没人能插得上嘴。费正清的夫人回忆说："梁太太总是聚会的中心人物。当她侃侃而谈的时候，她的那些爱慕者总是为她天马行空般的灵感中所迸发出来的精辟警语而倾倒。"萧乾回忆说："那绝不是结了婚的妇人的那种闲言碎语，是有学识、有见地、犀利敏捷的批评。"

单看林徽因的照片，谁都会有些疑惑：她确实美丽，但并不是那种摄人心魄的美。何以风流倜傥的诗人徐志摩、哲学家金岳霖、建筑学家梁思成都为她倾倒呢？很简单，她的美丽不仅在于容貌，更在于她的智慧、才华和活力。生动的女人才有魅力，才会让人感觉永久美丽。

现实生活中往往有许多令人悲伤的事情，工作、家庭、人际关系，这些问题女人都要面对。如何才能在每日的琐碎事务中，保持满满的自信呢？

每天早上起床，对着镜子里那个亭亭玉立的女人大声地说："我的皮肤很健康，我的笑容很可爱，我的生活很美好，我是办公室里最美丽的女人！"据心理专家说，这是调节自我情绪的手段之一，也是营造良好心态的手段之一。

自信乐观的女人往往能尝试着让自己的心灵变得通达起来，

让爱情在一种平淡中走向坚固和永恒。

一位知识女性，她深爱着她的丈夫，但是，她爱她丈夫的时候也没忘记珍爱自己。她的丈夫常年在外经商，但他们的感情十分融洽，从未有过一丝半点的裂缝。有人问："你不担心他在外面寻花问柳吗？"这位女士回答："我和他的爱从来都是平等的。从接受他的爱那天起，我就给了他信任，我爱他但不苛求他。我希望他成功完美，但我从未把自己的一切抵押在他身上。我担心什么呢？"

有时候放开恰恰就是一种最好的把握。许多女人悲剧的根源往往就在于自己对自己都不自信。不妨丢掉烦恼，让乐观的阳光照进心底，拥有这种心态和胸怀的女人，男人自然会感到她的可爱了。

自信的女人是一首诗，一首清新的田园小诗，散发着自然芬芳的气息；自信的女人是一幅画，一幅浓墨重彩的油画，给人强烈的视觉冲击；自信的女人是一首歌，一首慷慨激昂的命运之歌，让人心潮澎湃；自信的女人是一本书，一本荡气回肠的小说，让人百看不厌。

4.凡事看淡些，莫强求

生活中常有不公平的事情出现，努力了、付出了反而没有得到回报的事情也不仅只出现在你的身上。由于地球是圆的，总有一些人站在圆的切线点上比你早几分钟看到太阳。人生的事情，很难做到公平，有些人生下来或许就含着"金钥匙"，而有些人或许生下来身体就不完整，这些都是我们先天无法掌握的，只能接受。面对着这些所谓的不平，平庸之辈只会埋怨，而不以实际行动去改善，结果差距越来越大；智者则会坦然地接受它们，积极地用后天的努力去改变这种不平，赢得了自己的人生，也赢得了更多的敬佩。

著名物理学家斯蒂芬·威廉·霍金对他而言，命运是很不公平的。他天生就是一位中枢神经残废者，由于肌肉严重衰退，从而失去了行动能力，手不能写字，话也讲不清楚，终生要靠轮椅生活。但是他并没有对这些身体的残废而怨天尤人、斤斤计较，也没有因为身体的局限而停止对人生的探索。相反，斯蒂芬·威廉·霍金曾先后毕业于牛津大学和剑桥大学三一学院，并获剑桥大学哲学博士学位。

由于身体行动的不便，他只能用一个小书架和一块小黑板完成他的研究过程。在他的研究过程中，他无数次克服了常人无法想象的困难，最终在天文学的尖端领域——黑洞爆炸理论的研究中，通过对"黑洞"临界线特异性的分析，获得了震惊天文界的重大成就，为此荣获了1980年度的爱因斯坦奖金。

然而，这位失去了行动能力的科学家在1985年病情恶化，连语言能力也被剥夺了。这时候的他依然没有把时间放在埋怨命运上，他利用一台电脑声音合成器来间接表达他的思想，争分夺秒地在他有限的生命中创造奇迹。他用仅能活动的几个手指操纵一个特制的鼠标器在电脑屏幕上选择字母、单词来造句，然后通过电脑播放声音。有时候，为了合成一小时的录音演讲要准备10天。身体如此不便，却丝毫没有减慢他研究的速度，他在统一20世纪物理学的两大基础理论——爱因斯坦的相对论和普朗克的量子论方面走出了重要一步。如今他已经被称为在世的最伟大的科学家，当今的"爱因斯坦"，我想这种殊荣，斯蒂芬·威廉·霍金当之无愧。

宠辱不惊，看庭前花开花落；去留无意，望天空云卷云舒。

从这副对联中，我们可以深刻地体会到一位智者的人生态度。

生命和生活有时候并不如我们想象中的美好，它们对于我们每一个人的待遇都有所偏心，有的人确实生于荣华，处于丰顺；有的人或许就没有那么多天生的优势。不过相信上帝在为你关上一扇窗的同时，肯定为你打开了另一扇窗。看淡这些不平，才能潜心去做正确的事情。我们的心和胸怀就那么大，如果装满了埋怨和愤愤不平，又怎么能有心思去探索自己的梦想呢？

生活的真谛是淡然。面对人生的不公，不可强求，安心做好自己的事情就够了。生活就是如此，它给了你什么你是无法改变的，不如坦然地接受，利用它赋予你的东西去实现自己的人生价值。看淡生活的不平，便是懂得如何生活。懂得生活的人，不仅仅是成功的人，也是智慧的人。没有什么可以完全按照你的意愿去发展变化的，有时候付出了、努力了反而没有回报的事情并不代表它们白白付出，相信它们肯定会以其他形式，在其他方面补偿你的。付出和回报有时候展现出的不平衡，只是暂时现象，需要从长远的角度来看。然而有的人偏偏不懂这一点，他们不把精力放在奋斗上，放在探索人生上，反而苦苦追寻着平衡，换来的也不过是劳累罢了。真正的愚蠢便是这样不懂生活，只会怨天尤人。

面对生活中不公平的人和事，不要过分强求。生活本是如此，只要学会生活，懂得生活，就会看淡生活中的不平事。

5.泰山压顶，面不改色

生活中我们常常为自己失去的东西难过，甚至明知已不可挽回，也不肯让自己去积极地排解。其实，在许多豁达者的眼中，任何一种失去都会诞生一种选择，任何一种选择都将有新的机会。失去了一些以为可以长久依靠的东西，自然会难过，但其中却隐藏着无限的祝福和机会。失去的时候，向前看，永远向前看——过了黑夜就是黎明。

挫折一旦来临，不管它多么有悖于心愿，也毕竟是事实。大部分人的心理会在此时产生波动抗拒，但豁达者会迅速地绕过这种无益的心理冲突区域。发生的事情无法再改变，不如做些弥补的事情后立刻转向，不让这些事在情绪的波纹中扩大它的阴影。

有一朵看似弱不禁风的小花，生长在一棵高耸的大松树下。小花非常庆幸有大松树成为它的保护伞，为它遮风挡雨，每天可以高枕无忧。

有一天，突然来了一群伐木工人，两三下的功夫，就把大树整个锯了下来。

小花非常伤心，痛哭道："天哪！我所有的保护都失去了，从此那些嚣张的狂风会把我吹倒，滂沱的大雨会把我打倒。"

远处的一棵树安慰它说："不要这么想，刚好相反，少了大树的阻挡，阳光会照耀你、甘霖会滋润你；你弱小的身躯将长得更茁壮，你盛开的花瓣将一一呈现在灿烂的阳光下。人们就会看到你，并且称赞你说，这朵可爱的小花长得真美丽啊！"

不论我们面临什么，都不要得意忘形或悲观绝望。有些人之所以事业有成，是因为他们在挫折面前没有放弃，而是另辟蹊径，从而走向成功。

如果我们能像重视生命一样重视成功，那我们就一定能成功。如果我们害怕失败，前怕狼、后怕虎，那么我们还没有行动就已经失败了。

在这个世界上，似乎聪明的人往往不通过努力就能获得成功，其实这是个假象，没有不通过努力就获得成功的人。有一种人，他们不成功，原因是他们总喜欢把困难放大。

困难是欺软怕硬的。当你退缩一步，困难会前进两步。只有当你勇往直前、根本不被困难吓倒的时候，困难才会离你远去。

困难没有想象中的那么大。对我们每一个人而言，我们没有理由不乐观。我们有一辈子的时间来实现自己的理想，有一辈子的时间来规划自己的人生。我们有健康的身体，有思想，有智慧，有知识，比起世界上很多人来说，我们已经是很幸福的。我们完全有理由拥有乐观的心态。

很多时候，尤其是年轻的时候，更应该学会"盲目乐观"一些。"盲目乐观"代表着一种跌倒了永不服输的决心，甚至在心中根本就没有"输"这个字眼。人在小的时候往往能学到很多东西，那个时候吸收知识特别快，原因就在于小的时候根本没有失败的意识，只是凭着自己的兴趣或者韧性去做自己想做的事情。随着慢慢长大，经历的事情多了，失败逐渐成了自己的一种意识，害怕失败，或者刻意回避失败，最后是不可避免的失败。相反，那些"盲目乐观"的人，在他们的意识中根本就没有失败的意识，只知道一个劲地向前冲。失败对他们而言，不再是界限，也不是他们的极限，他们没有失败的概念。很多成功人士之所以成功，就是根本没有想过失败。因为在他们心中，有一种积极和乐观的态度，所以他们比一般人更加愿意去承担风险，自然也就会享有更多的回报。

事情没有到最后一步，谁都不知道结果将如何发展，之所以害怕失败，往往是因为对自己没有信心，对事情的把握力度还不够。在这种情况下，一方面要增强自己的信心，对事情进一步调查掌握；另一方面要学会让自己乐观起来，用乐观的情绪激发自己最大的潜力。

当然，乐观既不是盲目骄傲，也不是莽撞冲动。乐观是建立在对事情的基本把握上的。面对困难要保持乐观，遇到困难和挫折，乐观的人往往会十分客观地分析各种原因，最后得出的结论往往是客观条件不允许，而不是自己的能力不行；而悲观的人往往第一反应会是自己出了问题，而且认为自己永远都不会成功了。

成功者之所以成功，往往就是因为具有积极乐观的心态，他们从来不会怀疑自己的能力，也不会怨天尤人，对他们来说，永远都不会存在失败，而是此时此刻没有成功。成功和失败是有本质区别的，没有成功表明还在朝着成功的方向努力，而失败则代表了一个结果。

面对困难要主动做出回应！

在遇到困难时，与其逃避，不如面对，有些事情你终究需要面对的；与其消极，不如积极，积极能够带来更多意外；与其被动，不如主动，主动能够给你的生活带来更多的生机。

有位极具智慧的心理学家，在他的小女儿第一天上学之前，他教给宝贝女儿一项诀窍，足以令她适应学校的学习生活。

这位心理学家开车送女儿到小学门口，在女儿临下车之前，告诉她在学校里要多举手——尤其在想上厕所时，更是特别重要。

小女孩真的遵照父亲的叮咛，不只在内急时记得举手；老师发问时，她也总是第一位举手的学生。不论老师所说的、所问的她是否了解，或是否能够回答，她总是举手。

随着日子一天天过去，老师对这个不断举手的小女孩，自然而然印象极为深刻。不论她举手发问，或是举手回答问题，老师总是不自觉地优先让她开口。而因为累积了许多这种不为人所注意的优先，竟然令这位小女孩在学习的进度上、自我肯定的表现上甚至于许多其他方面的成长上，大大超越其他的同学。

多多举手，正是那位心理学家教给他女儿的在学习生涯中的利器。

故事中那位深具智慧的父亲所教给女儿的举手观念，正是成功者积极主动的态度。

另外一个女孩或许不是那么幸运。如果她碰到不如意的问题，便经常这样认为："我这辈子注定是没出息了。我干什么都不对劲，不过，这全都是我父母的错，他们离婚，把整个家庭弄得支离破碎。"

一位长辈当时对这位少女说："我承认你父母离婚是个错

误，的确引起不少问题。但我要郑重地告诉你，什么问题都不能拿来当借口，以推诿自己该负的责任。"

长者的话引起了少女的深思，后来她试着慢慢改变自己，逐渐克服自卑的心理，再后来变得自信和富有创造性了。

看来，主动就是一种进攻，进攻必须强调主动。一切自卑、畏缩不前和犹豫不决的行为，都只能导致人格的萎缩和为人处世的失败。

我们时常碍于面子，或恐惧遭到拒绝，或者怕遭受批评，或因自己的热情总是遭到对方冷漠的回应，而使自己积极主动的力量逐日减弱。但只要我们增强一分积极的力量，便足以削弱一分消极的困扰。

你是否学会了在生活的困境中仍充满希望？这是成功者和失败者的一个基本的区别，成功者永远不会失去希望，他只会坚持不懈地寻求更多的方法把事情做成。

生活中的挫折就如同大街上的红绿灯一样，偶尔限制你的前进，让你停下来做个短暂的休息，顺便看看自己是否走错了方向。这不是一种障碍，而是为了让你更好地完成你的旅途。所以带着快乐迎接一切吧。

Lesson 4
姑娘，请用心去生活

今天太宝贵，不应该为酸苦的忧虑和辛涩的悔恨所消蚀。把下巴抬高，使思想焕发出光彩，像春阳下跳跃的山泉。抓住今天，它不再回来。

——卡耐基

1.修炼迷人气质从强大内心开始

在东方文化里，一向都将女人比作水。认为看起来柔弱如水、如柳随风，才是女性应有的气质。这种传统文化的根基之深，令人难以撼动，以至于在历经了数次女权革命之后，依然根深蒂固。于是，时至今日，人们一旦遇见不够温柔，甚至大大咧咧、风风火火的女性，都会嘲笑她们不太像女人，因而给这样的女子冠上"假小子""野姑娘"一类的名号。于是，从古至今，女人们纷纷修炼"柔术"，不但将外表柔弱视为女人味的一种，就连内心也要修炼得柔情似水。

然而，似乎人们都忘记了一件事：水，其实是一种很有力量的东西，水能穿石，亦能磨平上亿年的怪石，甚至在一定条件下，可以爆发出毁天灭地的能量。而一个外表与内心都不够强大的女人，却根本无法在这个诸多变幻的世间独自生存。因此，让内心变得更加强大，才是一个女人立足社会后，真正需要学会的本领。

时间，是令心灵变强的必备条件。女人，只要跟随时间的脚步，历经各种心路的磨砺，就一定会在某天突然醒悟、突然发现，原本脆弱的心灵早已变得坚韧无比，它足以抵挡外界对人心的任何摧残。而女人，则必得历经一番摧残才会成长，才会深谙世故，才会在世间的土壤中深深扎下根基。没有这些根基，气质又将于何处安放？

外表柔美，内心强大，才是真正如水的女人。这样的女人，才能活得轻松，活得幸福，活出自己的气质。因为她们拥有充实而强大的内心，因而并不会因为自己是女子，就从此觉得世间之人都应礼让自己；更不会因为自己是女子，就觉得自己的人生之路上将遭遇种种限制。

修炼迷人的气质，需要历经种种磨炼，而内心软弱的女人，却经不起人生中的风浪。放眼世界，一切拥有迷人气质的女性，无不拥有无比强大的内心。如奥黛丽·赫本，如苏菲·玛索，正因为她们历经了其他女人不曾遇见的磨难，她们那优雅、独特、迷人的气质，才会深深扎根在所有人的心中。

不过，也曾有人反驳这种观点。她们认为，女人只要尽好自己的职责，发挥自己的优势，自然会有一位优秀的男士来做护花使者。而女人若是将内心锻炼得过于强大，则反倒会给男人一种不易亲近的感觉。大概正因为如此，才有了"男人征服世界，女人征服男人"的言论。

然而，这句话的结果貌似女人占了大便宜，既得了男人，又拥有了世界。但仔细分析一番，便会发现，说这话的人实在居心叵测。当我们仔细翻查历史资料，试着搜集女人征服男人的例子后，就会发现，这完全是个伪命题。

世上再有魅力再有气质的女子，也并不能依靠美貌完全征服男人、控制男人，更不曾有过通过男人征服世界的事。就算曾有女人征服世界，依靠的也并非男人，而是她们那颗强大又睿智的心。

内心强大的女子，拥有真正与男人一样的平等独立之思想。她们中的有些人，也许没有大房子和豪车，没有合意的结婚对象，甚至被人称作"黄金剩斗士"，但她们所做的每件事，都随性、合意。这样的女人，并不会因为钱而嫁给自己不爱的男人，也不会因为世人的目光离开所爱的男人，更不会为了追随一件身外之物，迫不得已扭曲自己的心灵。

因此，无论女人是否会拥有一位护花使者，修炼强大的内心，也必是生命中的首要之事。强大的内心，不但可以帮助我们修炼出完美的气质，还可为我们将各种负面情绪抵挡在外，最终活出最真实、最迷人的自我。

2.发展爱好，让你的生活更充实

一位拉丁作家这样描述过"机会女神"的样子：机会女神的前额上长着头发，但她的后脑没有头发。如果你能够抓住她前额上的头发，你就能够抓住她。然而，如果被她挣脱逃走的话，即使万神之王宙斯也无法将她捉住。所以，要想抓住"机会女神"，必须注意生活中的每一个细节，要从身边的小事做起，特别是自己喜欢的事情，这可能就是"机会女神"的藏身所在。

列宁曾经说过："要成就一件大事业，必须从小事做起。"小事情往往具有大价值，往往能让人成就一番事业，如果对小事情不屑一顾，没有一点自己的小爱好，那碰到大事情又怎能应付得了呢？正所谓："一屋不扫，何以扫天下？"

美国总统富兰克林·罗斯福即使在战争最艰苦的年代里，仍然坚持每天抽出一点时间来从事自己的小爱好——集邮。做自己喜欢做的事，可以让他忘记周围的一切烦心事，让心情彻底放松，让大脑重新清醒起来。

小爱好不但可以愉悦身心，放松心情，而且还有延年益寿之功。有人做过这样的研究，他们试图找到长寿老人的共同特点。他们研究了食物、运动、观念等多方面因素对健康的影响，结果令人惊讶，长寿老人们在饮食和运动方面几乎没有完全共同的特点，但有一点却是共同的，即他们都有自己的小爱好，并且把这作为自己的人生目标而为之奋斗，这是他们的精神寄托。

所以，无论你对生活多么不满，一定要有人生目标，要有点爱好，有点精神食粮，因为它能使你看清人生的使命，能让你找到心灵家园，从而使人生更有意义。

在美国长岛，有一位名叫莱伯曼的百岁老人，他头发花白，但精神矍铄，老人看上去最多不过80岁。据老人讲，他根本没想到自己能活这么大年纪，因为在他80岁的时候，曾对生命失去了兴趣，以为自己到了寿终正寝的时候，那时他健康状况很差，看上去像是真的要不行了，可一次偶然的机会，他与绘画结缘，从此，他迎来了人生的第二次青春。

莱伯曼是在一家老年人俱乐部里和绘画结缘的。那时，老人已多年无事可做，他常到城里的俱乐部去下棋，以此消磨时间。

一天，女办事员告诉他，那位棋友因身体不适，不能前来作陪。看到老人失望的神情，这位热情的办事员就建议他到画室去转一转，还可以试画一下。

"您说什么，让我作画？"老人好奇地问道，"我从来没来摸过画笔。"

"那不要紧，试试看嘛！说不定你会觉得很有意思呢！"

在女办事员的坚持下，莱伯曼到了画室，平生第一次摆弄起画笔和颜料，但他很快就入迷了，周围的人也都认为他简直就是一个天生的画家。81岁那年，老人开始去听绘画课，开始学习绘画知识。从此，老人感到重新找到了生活的乐趣，精神一天天好了起来。

1997年，洛杉矶一家颇有名望的艺术陈列馆专门为莱伯曼举办了一次画展。此时，已年过百岁的莱伯曼笔直地站在入口处，笑容满面，迎接参加开幕仪式的来宾，许多有名的收藏家、评论家和新闻记者慕名而来。作品中表现出来的活力，赢得了许多观众的赞赏。

老人在展后接受采访时意兴昂然地说："我不说我有101岁的年纪，而是说有101年的成熟。我要借此机会向那些自认为上了年纪的人表明，这不是生活暮年，不要总去想还能活到哪一年，而要想还能做什么，着手做点自己喜欢的事，这才是生活。"

亨利·梭罗曾经说："我从没找到过这样一个伙伴，他能像这一小时那样长期地陪伴着我。"生命的质量是以所做的而不是以人度过的光阴来衡量，生活中每天抽出一点时间来做自己喜欢做的事，能使心灵更美，生活更有情趣，生命也更有意义。

3.放下一切，在旅行中体验另一种生活

对女人来说，旅行是漫无目的地行走，直到遇到好风景、好人情，再也迈不开脚步。女人的旅行没有计划、没有日程，走到哪里都是欣喜。在日复一日的办公室里快要发霉，放下手头不管多重要的文件，走出去，享受艳阳天，晾晒自己发霉的潮湿心情。

旅行中的女人是无比美丽的，暂时告别格子式的办公室、格子式的家，你的世界广袤无垠。"出发"代表的是一种状态、一种过程、一种收获，是女人对生活的"放下"，所以旅行中的你，应该抛下一切，在山野的风里自在地呼吸。

一位哲人说：生命有太多的浪漫，却不属于旅途上的人们。哲人的话也许是因旅途中频繁的游走、交通工具的换乘，感到疲倦才由此而发。其实，大多数旅者是面带笑容行走在旅途上，尽管内心也存有胆怯，但他们的心境是开阔的，身心是放松的。人在旅途，前途未卜，有孤单，而歌声依旧、笑容依旧——这就是背包客的写照。

人生本身就是一次旅行，说漫长也罢，短暂也罢，我们总能坚定地走下去。尤其是当我们独自一人漂泊在旅行中时，更要顽强地保持不灭的激情。

生活的压抑，需要我们偶尔走出去，走出城市的捆绑，走出世俗的压抑，在旅途中检验人性的真谛，在山水间寻回失去的情愫，让自己得到最大限度的放松。在旅行中，你会发现一天比一天过得快，真的很希望时间可以慢下来，但自己的脚步却不曾停息。

你尝试过与深夜对话吗？你尝试过与花儿交流吗？空灵、悠远是我们的追求，让所有沉寂复活吧，让所有的天性还原吧，让一切喧嚣都睡着，唯有我们自己清醒地走着。我们要做梦幻的精灵，要走遍大江南北，从我们的心灵深处走出来。每天，都给自己一个放逐，与大地同歌，在自然的怀抱中睡觉，说不着边际的梦话。

如果你真的很想去旅行，那就什么都不带，只背上一个背包，卸下所有的压力，给自己的心来个彻底的轻松。到一个开阔的地方，到一个桃源之地，做一次简单的旅行。

如果你的时间无法满足长途旅行，你去的地方也可以是郊外的旷野山坡，也可以是古朴自然的农家小院。只要是安全的地方，尽可以去走一走。在一个天高云淡的日子里，还可以邀上三五好友，准备好野营的食物和装备，到郊外体验另一种生活……

4.时光深处，依然有梦

有人说，梦想是女人生命中最奢侈、最昂贵的东西。因此，心怀梦想的女人，即便最后梦想并未完全实现，她在人生中也必定收益颇丰。这就好比，一心想要买下爱马仕包包的女人，在工作和生活中，一定会比只希望得到普通包包的女人更加勤奋、更加努力。

在一本杂志关于梦想的调查中，一位读者讲述了这样一件事。在她小的时候，曾见过一栋超级大的别墅，里面有泳池、车库、花园、网球场等，她被那栋别墅的气势给镇住了，并发誓长大后也要买一栋这样的别墅。这个坚定的梦想，从此就在这位读者的心中扎下了根。

然而，20年过去了，随着房价的飞涨，按照这位读者的挣钱速度，拥有那样一栋别墅，几乎成为了一个绝不可能实现的梦。

在接受这个现实之后，她非常伤心，只得拿出自己多年攒下的钱，在市区买了一套复式楼。

几年以后，当这位读者看着房价继续飞涨，仍有许多人在为一套小小公寓发愁时，她开始感激自己当初的梦想。这位读者告诉调查者们，所谓梦想，就是能够让生活品质得到升华的东西，如果你梦想得到一栋别墅，并因此朝着这个目标不断努力，最后即使没有得到别墅，所得的收获也不会小。

梦想，不但会回馈给女人令人惊奇的"礼物"，并能令她们不管对男人或是女人，都富有强烈的吸引力。一个怀着梦想，并为此执着的女人，当人们和她打交道时会发现，这样的女子，几乎是世界上最好相处的女性。有梦想的女人，大多有着纯粹、利落、干练的气质，她每天都会神采奕奕地出现在他人面前，并干劲十足，无暇顾及外界八卦。这样爽快的女子，又怎能让人不打心眼里喜欢？

梦想，就像笼罩在女人身上的光环，怀有"它"的女人，行动坚定、目光自信，气质也会随着阅历的增长而渐渐升华。不过，这件女人最奢华的"装饰品"，也需要我们悉心爱护，以避免它被尘世的浊气所侵染，反而令我们的气质流于世俗，低到尘埃。

蓝丽颖刚从北大出来的时候，浑身都充满了干劲，只因还在学校的时候，她就听说了不少学长、学姐功成名就的故事，并以此勉励自己，希望自己也能有大的作为。还没上北大之前，蓝丽颖便在心中许下了一个愿望，她希望自己有朝一日赚到了足够的钱，可以为村里的孩子盖一所小学，在校舍的外面用上厚厚的保暖层，这样一来，在寒冷的冬季里，孩子们就不会被冻得瑟瑟发抖了。

在那段为了梦想奋斗的日子里，朋友们都说，每一天，蓝丽颖的脸上都洋溢着笑容，眼眸中都放着渴求希望的光，整个人都好像被梦想包裹住，从不在意外界的评论，一心一意，只为了实现一个美丽而又善良的愿望。

一年过去了，蓝丽颖与人合办的网络公司倒闭了，合伙人不知所终，这个坚强而倔强的女生因此欠下了一屁股债。最初的时候，她还踌躇满志，拉了一帮朋友打算东山再起，可没过几个月，不知怎的，几个愿意投资的朋友却一齐改口，再也不愿拿出一分钱来。

几番游说未果之后，蓝丽颖的意志彻底被击垮了。她感到十分沮丧，不但没有想要再创业的雄心，就连当初想要为山村孩子盖学校的梦想，都渐渐在她心中淡出了。没有了创业的激情，蓝丽颖只好在一家互联网公司找了份工作，公司老板见她从北大毕业，又曾有过一些经验，于是给了她一个部门主管的职位，希望她能够在公司好好干下去。

然而，北京年复一年飞涨的生活成本，让蓝丽颖对这个城市彻底死了心。她盘算着，就算作为部门主管，月薪也不到五位数，除去生活和还债之外，早已所剩无几。想想那些在各行业呼风唤雨的校友，蓝丽颖再也没有对别人提起自己的毕业院校。

直到有一天，蓝丽颖因为有事要办，经过学校大门后，却忽然听见身后传来两个隐隐约约的声音：

"前面那个女的，是不是咱们班的蓝丽颖啊？"

"不可能吧？蓝丽颖走路时从来不勾着腰，她总是风风火火的，你一定是看错了……"

"嗯，你说得也对，前面那女的看着一点气质都没有，我觉得也不像蓝丽颖。"

听着她们的声音渐渐靠近，蓝丽颖却不敢转过头去，她加快步伐，赶紧挤上了公共汽车，头也不回地逃离了那里。

即便聪明伶俐如北大毕业的女人，在梦想渐渐暗淡之后，气质也会变得完全不同。没有梦想的支撑，女人的生活便会陷入一团泥沼。即便是一些生活无忧的女子，在毫无梦想之时，她们的目光中也尽透着迷茫之意。

一个迷茫不知前路的女人，气质里也会掺杂上这种迷雾般的感觉。或许有人会将这种气质称之"忧伤"，但在现实生活中，一个"忧伤"的女人，却实在不如一个"明媚"的女子更能温暖人心。

梦想，是女人升华气质的最佳催化剂。比如，一个有钱且将自己装扮得珠光宝气的女人，若是毫无梦想可言，在他人眼中，则顶多不过是个"暴发户"形象。而一个身着诸多顶级奢侈品牌时装和配饰的女子，若是在众人面前说出自己的梦想，人们对她的印象，则又大不一样。如此，同样的家境、同样的装扮，甚至有着大同小异的模样，两个看似极为相似的女子，却有着完全不同的气质，有无梦想，正是奥妙之一。

至此，我们一定要相信，无论富贵或贫穷，无论美丽或平庸，无论聪慧或木讷，每个女人都应怀有一个能够撑起整个生命的梦想，它无所谓平凡或伟大，渺小或高尚。重要的是，当这个梦想在我们心中燃烧的时候，它的光辉足以照亮我们前方的路途，并指引我们成为光辉之下最引人注目的女人。

5.那些受过伤的地方都变成了最坚硬的部分

人生路坎坷的时日居多，升学、工作、晋级、成家，哪一个环节都不可能一帆风顺，大部分时间人在负重而行。领导同事的误会、工作上的摩擦、生活上的不如意都是令人难过的源泉，这时候，人就得有负重而行的心理承受力。否则，不够宽容，不够豁达，不会变通，最终会把自己逼入死角。

从前，有个人觉得生活的压力太大了，便去见哲人，寻求解脱之法。

哲人给他一个篓子背在肩上，指着一条沙砾路说："你每走一步就捡一块石头扔进去，看看有什么感觉。"

过了一会儿，那人走到了头，哲人问有什么感觉。那人明白了生活越来越沉重的道理。当我们来到世界上时，我们每个人都背着一个空篓子，然而我们每走一步都要从这世界上捡一样东西放进去，所以才有了越走越累的感觉。

于是那人问："有什么办法可以减轻这沉重吗？"

哲人问他："那么你愿意把工作、爱情、家庭、友谊哪一样扔掉呢？"

那人无言地摇摇头。

哲人语重心长说道："当你感到沉重时，也许应该庆幸自己不是总统，因为他背的篓子比你的大多了，也沉重多了。"

负重而行当然是一种痛苦，但没有负重就不可能体会无重的轻松惬意。没有负重而行，也就无所谓责任，从而也就不可能取得成就，当然也就体验不到上了坡后那种如释重负的快感了。没有负重的生命是不完整的生命，没有负过重的人生是不圆满的人生。

每个人都不知道未来是什么样的。但我们不应该想生活怎样，应该多想想怎样生活。还是维持那颗平常心比较好，平淡的生活同样精彩。在平淡中品味出快乐才是真正的幸福。

压力是不可避免的，因此我们应该学会缓解压力，以下几条建议可有效地帮助你减轻压力：

第一，要知道自己的目标。只要目标明确了，在行动上就不要发生动摇。人是需要精神支柱的，这个支柱是自己给自己树立的。有了这个心理上的强大动力，任何压力带来的疲惫和痛苦都是微不足道的。

第二，要会衡量自己的能力。知道自己的斤两，知道自己需要什么，能做到什么。无望的追求是空谈，每个人的理想都应该是脚踏实地的，就像吃惯了素菜的人非要去享受牛排，那油汪汪的东西固然很诱人，但真吃到自己肚里，半生不熟的还真消化不了。

第三，要分辨自己的欲望。这个世界到底是有道德标准和行为准则的，随意突破规范是要承担后果的。假如你的欲望是不善良的，是会给自己带来痛苦或给别人带来伤害的，就应该果断摒弃，把这种黑色的欲望压力消灭于无形。

第四，缓解压力要注意方式方法。世界美丽纷繁，充满了阳光和温情。要懂得去欣赏她、接纳她、追求她。一时的痛苦是过眼云烟，长久的快乐是成熟心态应得到的回报。不要迷失方向、不要为情所困、不要妄自菲薄、不要贪得无厌，好好把握自己手中的幸福，每一分钟都会成为你自己的宝藏。

刘墉先生对人生的解释是："面对人生的起起落落，人生的恩恩怨怨，却能冷冷静静——化解，有一天终于顿悟，这就是人生。"

6.经得起平凡，耐得住寂寞

平凡是属于最正当的人生，既不奢侈，也不亏空，既不过热，也不过冷，是恰如其分的人生理韵。在平凡里默默走过人生的旅程，会得到成功，得到幸福，得到并非平凡的壮丽感觉。

总是想得到轰轰烈烈的女人时刻都想比别人强，比别人好，比别人高明，比别人有好运，因此，她们常常不屑与身边的普通人为伍，漠视别人的存在，不重视别人的情感，从而失去朋友得罪于人。这样的女人容易自命不凡、目无下尘，一旦未达到某种境界，心理上就出现不平衡状态，因而在性格上常常表现得与众不同，自己把自己摆到了特殊的地位上，仿佛自己提着自己的头发要离开地球似的，所以大有点与身边人格格不入的感觉。这样的女人，很多时候，得不到别人的支持和帮助，得不到别人的赏识与爱护，因而也就得不到成功和幸福。

真正的平凡是一个女人身处嘈杂琐碎的生活，却不忘记用心去品一本好书、一杯香茗，把平凡的生活过得有滋有味，把平淡变成一种享受，这才是享受平凡的真谛。

懂得放弃轰轰烈烈，认真去品味生活的女人是生活的艺术家，她们对生活不苛求，但她们更懂得如何调色生活，品出平凡中的甘甜。生活在女人手中是一杯茶，懂得品味的女人，才能得其精华，让生活的清香在体内萦绕不绝。

李偲从韩国留学回来后自己开了一家公司，平时真的是很忙，上班期间自不必说，下班了也不能消停，各种应酬都推脱不掉。但是她却有一个雷打不动的习惯，那就是每天必到公司附近的一个咖啡馆里坐上半小时，有时候是中午，有时候是下午，或者是加班后的晚上。来一杯咖啡，翻翻自己喜欢的时尚杂志，或者就挑一个靠窗的座位，看看外面的车流人群，想想自己的心事，再或者约几位知心好友聊上几句女人的贴心话。

她的很多朋友都奇怪她保持这个习惯，她却笑笑说："我不是一个工作的机器，生活里除了工作还有很多，我必须给自己一点时间让我自己回到真实的生活里。在那里，没有工作，没有应酬，只有我自己，一个平凡的女人。如果没有这半小时，我想，我将会错过生活中的许多美好。"

生活中，什么样的女人身上散发着诱人的幸福味道？是那些睿智取舍，懂得品味生活的人。这样的女人有一双善于发现的眼睛和一颗享受平凡生活的心。即便在忙碌乏味的日子里，她们仍然能够发现定格在生活空间里的瞬间的美好。

比如，公交车上亲密的情侣脸上洋溢出来的醉人的笑，道路旁年轻的母亲牵着咿呀学语的孩子在蹒跚学步，夕阳里年老的伴侣拉着手在散步；比如，公司里那个和自己有点小过节的同事，不计前嫌地帮助了你。

在平凡单调的生活直线上，女人每天从同一起点以同一速度沿直线行走到终点，日复一日，起点终点开始往返，每天所走的路不相差50米，见着同样的人，做着同样的事，说着意义差不多的话，因为日子过得单调，很少感受激动、兴奋，所以一夜无梦。城中有多少人过着如此平白如开水般的日子？

所以，生活需要懂得享受平凡的女人去品味。在细细品味的时候，发现生活中除了平淡和琐碎，其实还存在着那么多的美丽片段。

有一天你的老公忽然送你一束玫瑰花，对你说："亲爱的，今天是我们认识5周年的纪念日"；工作了一天，累得腰酸背疼的你倒在沙发上，儿子懂事地跑过来说："妈妈，我给你捶捶背吧"；平常日子里，手机里偶尔收到好友一声轻轻的问候……这都是生活中的真实片段，很平淡，却很美好，美好得让人感动。

只有懂得舍弃那些遥不可及的幻想，睿智享受平凡生活的女人才能在生活中保持独有的魅力。生活就是一个百味瓶，甜酸苦辣样样有，同样的事，不同的人品出不同的味儿，就看我们用什么样的心态去承受，用什么样的心境去感受和体会，用什么样的角度去看待。

面对浮华她平和一笑，面对别人的苦难她乐于相助，面对虚伪她报以沉默。过着平凡的生活却有着活跃的思想，她懂得物质是人的基本生存条件，但精神是人体的营养成分，在饱满的精神世界里，生活才有色彩和气息。她懂得如何调色生活，品出平凡中的清甜。

人要在滚滚红尘里、横流物欲中、功名利禄下、美色诱惑前，保有不生气的心态、超然的情怀，视若无物，才能静下心来做事。一般的人耐不住寂寞，耐得住寂寞的则不是一般的人。古往今来的智者贤者、成功者，都是耐得寂寞、安于平静的。

女人，以一颗睿智的头脑权衡取舍，以一种拿得起放得下的姿态去对待生活，生活回报给她的必定也是美好。

Lesson 5

纵有万语千言，只与自己说

不论如何，保持本色，做独一无二的自己。

——卡耐基

1.谁不曾在深夜哭泣

人生的航船，并非始终一帆风顺，有风平浪静，也有大浪滔天。风平浪静时，不喜形于色，风吹浪打时，不悲观失望，我自岿然不动。只有这样，人生的大船，才能顺利地驶向成功的彼岸。

月有阴晴圆缺，人生也是如此。情场失意、朋友失和、亲人反目、工作不得志……类似的事情总会不经意纠缠你，此时你的情绪可能已经跌至低谷。其实，生活中的低谷就像是行走在马路上遇到的红灯一样，不妨把它看作为了维持我们人生的某种秩序，不妨利用这段时间来做个短暂的休息，放松绷紧的神经，为绿灯时更好地行走打下基础。或没有这样的红绿灯，或许某个时候，人生的道路会突然堵车，给你一个措手不及，让你无所适从。

　　古人说"人生得意须尽欢"，而人生失意时也不能停下脚步，也应该积极进取。条条大路通罗马，此路不通，不妨换条路试试，不妨来个情场失意工作补。处在人生的低谷，悲观、痛苦、怨天尤人都没有用，只会让自己越陷越深。越是逆境，我们越应该保持清醒的头脑和理智，全面认识自己的优点和不足。不妨利用这个机会反省一下，重新认识自己。看到自己的优点，可以抚慰自己那颗受伤的心，让心情归于平静，重新鼓起勇气，走出低谷；发现自己的弱点与缺点，是一种进步，是一种智慧，是一种超越。

　　历史上许多伟人，许多有成就者，都有过失意的时候，但他们都能失意不失志，都能做到胜不骄，败不馁。司马迁因李陵一案而官场失意，但他没有被打垮，反而成就了他"史家之绝唱，无韵之离骚"的传世之作。蒲松龄一生梦想为官，可最终也没能如意，但他是幸运的，因为他能及时反省，能及时掉转人生的航向。孔子说："朝闻道，夕死可也。"如果他不能及时醒悟，便不会有后世流芳的《聊斋志异》问世，他的大名也不会永载史册。美国最伟大的总统林肯曾有两次经商失败、两次竞选议员失利的经历。但他最终还是得到了成功女神的垂青，成为美国历史上与华盛顿齐名的伟人。试想，如果他在经商失意时不能及时醒悟，不能及时易辙，那他可能连成功的门都摸不着。

失意并不可怕，只要及时醒悟，可能你会从此踏上另外一条通往成功的大道。失意时最忌情绪低落，最忌破罐子破摔。一定要想着做点什么帮助自己渡过难关。失意时可以先大哭一场，把失败的苦痛彻底尽快释放出来。痛苦之后必轻松，哭过以后，一定要及时反思，思考自己错在何处，如果还有挽救的余地，那不可轻言放弃，如果实在是无药可救，自己在这一方面没有什么优势和天赋，那就到了下一步：痛下决心，改弦更张，重新绘制人生的宏伟蓝图。

朋友，失意并不可怕，只要不失志。学会善待失意，才能走出人生的低谷，赢得属于自己的一片天空。

淡定，是最了不起的一种心态。

生活并不总是一帆风顺的，正因为如此，我们的生活才有滋有味，才多姿多彩。顺境时，我们懂得享受生活，知道这是生活赋予我们的财富；逆境时，我们往往惊慌失措，像一叶迷航的孤舟，靠不了岸。其实，一时处在顺境之中，不意味着永远一帆风顺；一时处在逆境之中也不意味着永远没有出头之日。关键看你怎样面对。

两个不如意的年轻人一起去拜望师傅："师傅，我们在办公室被欺负，太痛苦了，我们都不想干了。"

师傅闭着眼睛，隔了半天，吐出三个字："平常心。"就挥挥手，示意年轻人回去。

回到公司，一个年轻人就递上辞呈，回家种田；另一个静下心来，埋头工作。转眼间十年过去了，回家种田的以现代方法经营，成了农业专家；另一个留在公司的也不差，他忍着怨气，努力学习，渐渐受到器重，成了经理。

有一天，两个人向师傅汇报自己的成就，师傅仍然闭着眼睛，隔半天，吐出三个字："平常心。"

饥来则食，困来即眠；高兴就笑，伤心就悲；了无心机，随缘而往，不矫揉造作，不怨天尤人。

常听人说一夜无眠，其实，只因想得太多，不肯入睡罢了。

人都是从吃母乳开始接触人生，生老病死是谁也不能避免的自然现象，遇着了，干着急并不能使病情有所好转，越是想好得快一些，越是显得糟糕，"病来如山倒，病去如抽丝"。除了尽力配合好医生的治疗外，静心颐养，对治疗是有好处的，这时就需要保持一颗平常心。

面对失败和挫折，平常心是一种乐观、自信，能重整旗鼓，这是一种勇气；面对误解和仇恨，平常心是一种坦然、宽容，然后保持本色，这是一种达观；面对赞扬和激励，平常心是一种谦虚、清醒，然后不断进取，这是一种力量；面对烦恼和忧愁，平常心是一种平和、释然，然后努力化解，这是一种境界。面对这些种种经历，只要你勇于微笑，达观待之，不耽于梦想，不被它左右，只要你拥有一份平常的心态去面对，生活将是一帆风顺！

不要因为今天的痛苦就否定明天的幸福，不要因为微小的成功而迷失了方向，不要因为眼前的风雨而否定明天的阳光。也不要因为错过了星星而哭泣，否则我们会接着错过美丽的月亮！

对那些视金钱如粪土的专心于社会建设的人来说，平常心更能使他们排除杂念，做好自己的事业；对那些有着强烈的实现自己远大抱负的人来说，平常心使他们拥有更多的时间来潜心研究自己的学问，臻至良善；对那些已经回首往事不再后悔的过来人，平常心可以使他们问心无愧地享受晚年。

从前，在迪河河畔住着一个磨坊主，他是英格兰最快活的人。他从早到晚总是忙忙碌碌，同时像云雀一样快活地歌唱。他是那么乐观，以致使其他人都乐观起来。这一带的人都喜欢谈论他愉快的生活方式。终于，国王听说了他。

"我要去找这个奇怪的磨坊主谈谈。"他说，"也许他会告诉我怎样才能快乐。"

他一迈进磨坊，就听到磨坊主在唱："我不羡慕任何人，不，不羡慕，因为我要多快活就有多快活。"

"我的朋友，"国王说，"我羡慕你，只要我能像你那样无忧无虑，我愿意和你换个位置。"

磨坊主笑了，给国王鞠了一躬。

"我肯定不和您调换位置，国王陛下。"他说。

"那么，告诉我，"国王说，"什么使你在这个满是灰尘的磨坊里如此高兴、快活呢？而我，身为国王，每天都忧心忡忡，烦闷苦恼。"

磨坊主又笑了，说道："我不知道你为什么忧郁，但是我能简单地告诉你，我为什么高兴。我自食其力，我爱我的妻子和孩子，我爱我的朋友们。他们也爱我。我不欠任何人的钱。我为什么不应当快活呢？这里有这条迪河，每天它使我的磨坊运转，磨坊把谷物磨成面，养育我的妻子、孩子和我。"

"不要再说了。"国王说，"我羡慕你，你这顶落满灰尘的帽子比我这顶金冠更值钱。你的磨坊给你带来的，要比我的王国给我带来的还多。如果有更多的人像你这样，这个世界该是多么美好啊！"

人需要的是一颗平常心。一个人无论聪明愚笨，都会有得失成败，谁都不可能只享受成功的喜悦，而不遭受失败的痛苦。只有在得失成败之间保持一颗平常心，才会摆脱得意时的狂妄自大和失意时的萎靡不振。

既然一切都必须面对，我们为什么不用平常心来面对呢？用平常心面对，做事情才会坦然、轻松，生活才能宁静祥和。既不清心寡欲，也不声色犬马；既不自命清高，也不妄自菲薄；既不吹毛求疵，也不委曲求全。可以说，一个人能够保持平常心，便达到了修身养性的最高境界。

2.战胜自己才能涅槃重生

要在世界立足，首先要战胜自己。

在这个世界上，没有人不希望自己能够获得成功，然而成功却实在不是每个人都能够获得的，稍加留意你就会发现，身边的人都是那么平庸，成功者真是少得可怜。成功不能靠别人，只能靠自己。成功的门是虚掩着的，只能通过自己的努力，才能在这个险恶的世界立足，打开成功的大门。

人的一生，总是在与自然环境、社会环境、家庭环境做着适应及克服的努力，因此有人形容人生如战场，勇者胜而懦者败；从生到死的生命过程中，所遭遇的许多人、事、物，都是战斗的对象。其实，自己的心念，往往不受自己的指挥，那才是最顽强的敌人。

莎士比亚曾说："假使我们自己将自己比作泥土，那就真要成为别人践踏的东西了。"

其实，别人认为你是哪一种人并不重要，重要的是你是否肯定自己；别人如何打败你，并不是重点，重点是你是否在别人打败你之前，就先输给了自己。很多人失败，通常是输给自己，而不是输给别人。因为自己如果不做自己的敌人，世界上就没有敌人。

人生在世，要战胜自己很不简单，一般人得意时忘乎所以，失意时自暴自弃；人家看得起时觉得自己很成功，落魄时觉得没有人比他更倒霉。唯有不受成败得失的左右、不受生死存亡等有形无形的情况所影响，纵然身体受到束缚，却能心灵自由，才算战胜自己。

当然，我们不得不承认，人性都是有弱点的。在人的一生中想得最多的是战胜别人，超越别人，凡事都要比别人强。心理学家告诫我们："战胜别人首先要战胜自己。"

凡是能够肯定自己、征服自己、控制自己、创造自己、超越自己的人，就具备了足够的力量战胜事业和生活中的一切艰难、一切挫折、一切不幸。

美国《运动画刊》上登载了一幅漫画，画面是一名拳击手累瘫在练习场上，标题为《突然间，你发觉最难击败的对手竟是自己》。这个标题实在耐人寻味。

在剑桥有一名学业成绩优秀的毕业生，去报考一家大公司，考试结果名落孙山。这位青年得知这一消息后，深感绝望，顿生轻生之念，幸亏抢救及时，自杀未遂。不久传来消息，他的考试成绩名列榜首，是统计考分时，电脑出了差错，他被公司录用了。但很快又传来消息，说他被公司解聘了，理由是一个人连如此小小的打击都承受不起，又怎么能在今后的岗位上建功立业呢？

这个青年虽然在考分上击败了其他对手，可他没有打败自己心理上的敌人，他的心理敌人就是惧怕失败，对自己缺乏信心，遇事自己给自己制造心理上的紧张和压力。

世上没有绝对完美理想的人，当然也很少有绝对不可救药的人，每一个人的性格中都或多或少地存在着上述的矛盾。这些矛盾，在你遇到一件事情，需要你采取行动去应付的时候，就往往会同时出现。而当它们同时出现的时候，也就是你开始彷徨困惑、痛苦不堪的时候。你怎样决定，完全看这两种矛盾的力量是哪一边战胜。如果是积极和光明的一边战胜，你就走向成功。如果是消极和黑暗的一边战胜，你就走向失败。

这理由很明显，按理说，每一个人都应该知道自己怎样做，才是正确的决定。但是，很少有人能够不经交战而采取正确的行动。甚至交战的结果，仍是消极与黑暗的一面战胜。

　　战胜自己不是一件容易的事，它需要很大的勇气与坚定的信念。想一想看，你战胜自己的次数多吗？是否时常姑息纵容了自己？

　　当我们尝试一项新的工作，接触一个新环境，应付一个新场面的时候，总难免有一种向后牵拽的力量。我们常会退缩地想：还是安于现状吧！还是省事为妙吧！还是不要冒险吧！于是，就在这种消极的决定中，不知多少可贵的机会流失了。许多人抱怨自己一事无成，恐怕这消极处理事情的习惯，就是使他失败的一个最大的原因。

　　一个人在必要的时候不能战胜自己，是羞耻的，任何理由都无法掩饰这种羞耻。一个人应该有力量让自己那光明的一面战胜，否则，你的人生就失败了。

　　人与人之间，弱者与强者之间，成功与失败之间最大的差异就在于意志力的差异。人一旦有了较强的意志力，就能战胜自身的各种弱点。

　　我们奋斗在人生的旅途中，我们不能轻易服输，相信只要自己努力就没有什么战胜不了的。然而，太多的时候，面对恶劣的环境，面对天灾人祸，面对重重的困难和挫折，是我们在心理上首先否定了自己，因而选择了放弃，选择了失败。

　　天生的不足、别人的嘲笑，以及种种的理由，都不是阻碍你成功的荆棘，唯有你自己为了安稳享乐，为了蝇头小利，为了达到暂时的满足，而放弃了坚持、奋争，才会让你永远地无法超越。

世界著名的游泳健将弗洛伦丝·查德威克，一次从卡得林那岛游向加利福尼亚海湾，在海水中泡了16小时，只剩下一海里时，她看见前面大雾茫茫，潜意识发出了"何时才能游到彼岸"的信号，她顿时浑身困乏，失去了信心。于是她被拉上小艇休息，失去了一次创造纪录的机会。事后，弗洛伦丝·查德威克才知道，她已经快要登上了成功的彼岸，阻碍她成功的不是大雾，而是她内心的疑惑。是她自己在大雾挡住视线之后，对创造新的纪录失去了信心，然后才被大雾所俘虏。过了两个多月，弗洛伦丝·查德威克又一次重游加利福尼亚海湾，游到最后，她不停地对自己说："离彼岸越来越近了！"潜意识发出了"我这次一定能打破纪录"的信号，顿时浑身来劲，最后弗洛伦丝·查德威克终于实现了目标。

当你拥有勇气的时候，就能战胜自己的懦弱；

当你拥有勤奋的时候，就能战胜自己的懒惰；

当你拥有廉洁的时候，就能战胜自己的私欲；

当你拥有谦虚的时候，就能战胜自己的骄傲；

当你拥有宁静的时候，就能战胜自己的浮躁。

古往今来，无数的成功者都是对"战胜自己"最完美的诠释。如果你还在退缩，请快点明白，战胜自己是如何紧迫；如果你还在犹豫，请看看那些胜利者是如何一步步走来；如果你已经在向自己挑战，那你要坚持，成功最终会敞开胸怀的！

3.心境平和是幸福

在印度，流传着这样一个故事。

有一个穷理发师，他非常快乐，有时候就像神仙一样快乐，他没有什么可以担心的。他是国王的理发师，经常给国王按摩，修剪国王的头发，整天服侍国王。

甚至国王都有些嫉妒他，总是问他："你快乐的秘密是什么？你总是兴致勃勃的，好像不是在地上走，简直是在用翅膀飞。这到底有什么秘密？"

穷理发师说："我不知道。实际上，我以前从来没听说过'秘密'这个词。您说的是什么意思呢？我只是快乐，我赚我的面包，如此而已……然后我就休息。"

后来国王问他的首相——一个学识非常渊博的人。

国王问他："你肯定知道这个理发师的秘密。我是一个国王，我还没有这么快乐呢，可是这个穷人，一无所有，却这么快乐。"

首相说："那是因为他并未置身于那种恶性循环之中。"

国王问："什么恶性循环？"

首相笑了，说："您在这个循环里面，但是您不了解它。让我们做一件事情来证明这种恶性循环的存在吧。"

晚上，他们把一个装有99块金币的袋子扔进理发师的家。

第二天，理发师掉进地狱里了。他开始忧心忡忡起来了。事实上，他整个晚上都没有睡，一遍又一遍地数着袋子里的钱——99块。他太兴奋了——当你兴奋的时候，你怎么能睡得着呢？心在跳，血在流；他的血压肯定很高，他肯定很兴奋，翻来覆去睡不着。他一再地起床，摸摸那些金币，再数一次……他从来没有数金币的经验，而99块又是一个麻烦——因为当你有99块金币的时候，第100块金币是一个很难弄到的东西。他一天所挣的钱应付生活是足够了，但1块金币却也相当于他近一个月的收入。怎么弄到1块金币呢？他想了很多办法——一个穷人，对钱没有多少了解，他现在陷入困境了。他只能想到一件事情：他要断食一天，然后吃一天。这样，渐渐地，他就可以攒够1块金币。然后有100块金币就好了……

他头脑中有一种愚蠢的想法：它必须变成100。

他很忧郁。第二天他又来给国王理发——他没有在天上飞，他深深地站在地上……不仅深深地站在地上，还有一副沉重的担子，一个石头一样的东西挂在他的脖子上。

国王问："你怎么了？你看起来跟往常不一样。"

他什么也不说，因为他不想谈论那个钱袋。他的情形每况愈下，他不能好好地按摩——他没有力气，他在断食。

于是国王说："你在干什么？你现在好像一点力气也没有。你看起来这么忧郁、这么苦闷。到底发生什么事了？"

终于有一天，他不得不告诉了国王。因为国王坚持说："你告诉我，我可以帮助你。你只要告诉我发生什么事了。"

他说："我陷入了一种恶性循环中，我现在是这种恶性循环的受害者。"

然而，在我们生活中的很多人，又何尝不是这样呢？因此，我们不得不承认，有很多的压力是我们强加给自己的。其实，人生本已经背负着太多的东西，何必再为难自己呢？

原本快乐的理发师，在金钱面前，因为缺少了一颗平常心，既拿不起，又放不下；既输不得，又赢不起。心境失去平静，生活失去平和，整个人生长河就像老式座钟上的钟摆，永远不得安宁地在两极情绪间起落挣扎，品尝着绵绵无尽的焦虑与惶恐、无奈与苦涩、疲惫与愤怒、失落与惆怅，最终陷入了恶性循环当中。

人生这么短，何必要让自己在名利之中折腾呢？攀比只会产生烦恼。开奔驰的固然威风潇洒；并肩漫步又另有一番幸福甜蜜。怎么样才是一个完整的家？不是豪华洋房，昂贵花苑，而是两个人共同建筑、共同守护的"城堡"！这座"城堡"，只有牵着手才能找到，幸福是因为互相依靠。"城堡"的大小不在于它的实际面积，而在于两人心里的感觉。感情这个地基打得越牢固，天长日久你就越会感到它的"宏伟"。

4.修炼气质

女人是块璞玉，要大放异彩必须对自己细加琢磨，这是每一个女子都需要花心思去做的事，也值得做好。

西方有这样一句谚语："一个平凡的女子或许不能成为王妃，但她不能没有梦想。"那就是对美丽的向往，若是她没有漂亮的外表，她会努力塑造自己美丽的心灵。

索菲出生在美国阿肯色州的一个小镇上，她的青春期就像大多数的青少年一样，生涩、害羞，对自己的将来不知所从。那个时候她想象自己是只丑小鸭，并不是选美的皇后。可是索菲有一些远比外在的美丽更要紧的特质，她的气质清新、风度稳健。从审美的角度来看，她是一块璞玉，稍加琢磨就能大放异彩。至少她相信是的。

她决定要把自己的内在美表现出来。她去健身，学习仪态，然后报名参加一场选美比赛。那一场比赛她没能进入决赛，可是索菲并不灰心，接着又参加了好几场比赛，直到参加过16场选美比赛之后，她终于当选为阿肯色州小姐，然后又成为美国小姐。以后她同样带着那一份自然芬芳的内在美，以及辛勤努力的工作，踏入娱乐界，目前已是一个出色的艺人，拥有自己的节目。

对我们每个人来说，这个故事透露的实在是一个好消息，因为每个女人都拥有同样芬芳的内在美。最重要的是去找出自己的内在美，把它表现出来，你不见得会是另一个选美皇后，可是它能使你成为人生的赢家。

女性什么时候觉醒都不算晚，美丽靠先天的基础，也靠后天的培养。

爱自己的女人，魅力永远不会逝去。在那个"不爱江山爱美人"的传说中，使英王爱德华八世放弃王位的辛普森夫人，那一年已经37岁了。我相信女人在每个年龄段都有其独特的美，或清纯可爱或者优雅大方，有着不同的吸引力。

人的现状更多源自常年生活习惯的积淀，就魅力而言，更是如此。渴望拥有魅力的愿望很简单，但真正获得魅力、提升魅力，就需要具备修炼魅力的意识和习惯。形象地说，就是你想成为一个魅力女人，你就得把修炼视为一项艰巨的人生工程，天天在路上，苦练不止。

男人们偶尔不修边幅，还可以看作名士风度，而女人却不可以。当我们有一天以为自己老了，放弃了节食，也不关心皮肤养护的时候，就会很快往下坡路滑下去。蓬头垢面，腰身像水桶一样的女人是妻子、是母亲，对得起身旁的一大批人，却会辜负了上帝造就女人的苦心。自然界有很多娇柔美丽的造化，一生都在开花的草木，女人应该向它们学习。

生活中，很多女人容貌美丽，可是却感觉不到她有任何吸引人之处，有的女人姿色平平，却有着一股吸引人的魅力，让人觉得她美丽。这就是气质的魔力。有气质的女人风情万种，有气质的女人走到哪里都能吸引大家的目光和注意，获得大家的肯定和赞许。

如果说容貌有形，气质则是无形的，它是一个人内心的外在表现，外表的美丽是短暂的，气质却是长久的。气质是每个人相对稳定的个性特点，每个人的习惯、个性与内在修养不同，因而每个人的气质也就不一样。但无论你从事何种职业、任何年龄，只要你拥有丰富内涵、良好素养和修养，你就能拥有自己独特和高雅的气质。没有良好的内在修养，胸无点墨的女人即使再美也会黯然失色，而许多相貌平平的女子，因为有了高雅气质的衬托，越发神采飞扬、风韵动人。

美丽和气质是两个不同的概念。气质包含了更多的元素，不仅指天生的容貌，更多的是举手投足、穿着打扮显露出来的品位、谈吐，还有从内心深处散发出来的自信。

气质好的女性总会吸引人们的注意，她们能轻松地赢得周围人的好感，人们喜欢和她们在一起，这使她们一般都拥有良好的人际关系；气质好的女性一般都受过良好的教育，有充足的文化底蕴，有良好的内在修养，因此她们很容易获得上司的青睐；甚至对气质好的女性来说，爱情都会相对顺利。

不得不承认，有一些女人很幸运，她们天然有着一种优雅的气质，从出生那天起，她注定是一个有着好气质的女人。可是，还有许多女人没有这么幸运，不过还好的是，气质完全可以后天培养，而且后天培养也最为关键。增加气质修养，20多岁正是时候。

时间有时候是很奇妙的，只要努力，人们就会变成自己想要变成的样子。如果你不满意自己的气质，那就要努力地去丰富自己、提升自己，让自己的气质有一个质的飞跃。但这并不是说养成好气质可以一蹴而就，气质需要时间，它只能随着你内涵的提高而逐渐改变。

气质是一种由内而外散发的东西，要通过很多方面、经历很长时间培养起来，包括你接受的教育、你的品位，还有你后天的努力等。外在美可能几小时就能学到，但是内在的气质却要修炼，而且绝对需要时间的打磨。只要坚持下去，有一天你便会听到有人赞美"你的气质真不错！"

张曼玉就是一个最典型的例子。2004年5月，第57届戛纳电影节上，最佳女演员得主上台致谢："这是我一生中最难忘的时刻。"她带着东方的素静神韵和西方的明艳光彩，征服了世界各地的影迷，"谋杀"了现场记者无数胶卷。她，就是张曼玉。一个在银幕上有着千种面貌、万种风情的女人；一个从花瓶到影后，在岁月与镜头里不断修炼的女人；一个气定神闲，雍容华贵，平淡自然，从生命深处散发出独特魅力的女人。

看着她刚出道时的照片，只是一个清纯无知的少女，长着两颗小虎牙，不算太漂亮，也不算有气质。十几年过去了，身材高挑、皮肤细腻的张曼玉已经40多岁，岁月的痕迹已经爬上了眉眼之间，但她的美丽却比年轻时来得更为抢眼，丰富的生活经历为她增添了许多妩媚和女人味，不时散发出成熟高贵、淡定从容的气质，走到哪里都闪闪发光。

她眼界开阔，脚步自由，喜欢挑战，敢于冒险……她的美丽已经从电影里延伸到电影外，如今许多人提到她、喜欢她，已经不再是因为某部戏或是某个微笑，更多的是她带给大家的一种精神，一种让人无法忽视的光亮。张曼玉身上有一种神韵，这种神韵不仅体现在她从容、淡定的表情和举止上，也体现在各大重要场合举足轻重的着装上，甚至她笑的时候，唇边出现的那两道弧度都有神韵在流动，这种神韵就是气质。

有很多女人以为只要时时注意打扮自己，就会有气质，就会有魅力，这种想法真是大错特错。有的女人很有钱，会花很多钱买很多衣服，可是这些昂贵的衣服穿在她的身上，别人丝毫不会觉得美丽，反而会让别人觉得她肤浅，没有品位。还有些女人，虽然花的钱不多，可是那些并不昂贵的服装穿在身上让人觉得那么合适，那么舒服，那么有味道。

如果想要提升自己的气质，做到气质出众，最重要的是要不断增加自己的知识，提高品德修养，多读书，多思考。阅读可以丰富你的头脑，同时也会增加思维的敏捷度，思考会使你变得更有智慧，久而久之，也会提高自己的言谈和举止的魅力。也只有真正从内心改变自己，才能达到持久的效果。当然，谈吐和适当的装扮也很重要。说话时要注意分寸，巧妙措辞，避免使用一些低俗和粗鲁的语言，礼貌地回答别人的问答，使自己的言谈举止既大方得体，又不显得矫揉造作。同时还要多关注一些关于时尚、服饰、配饰方面的信息，要学会选择适合自己的服装，让自己出现在任何场合都能衣着得体。

张爱玲说过："女人纵有千般不是，女人的精神里面却有一点'地母'的根芽。可爱的女人实在是真可爱，在某种范围内，可爱的人品与风韵是可以用人工培养出来的。"

觉得自己姿色平常的女人们，不满足于自己气质的女人们，从现在开始行动吧，只要努力，几年后就可以看到一个全新的你，一个气质出众的你！

气质是女人美的极致。女人的美丽，已经被人们无数次地讴歌和赞美，文人骚客为此差不多穷尽了天下的华章。其实，在美丽面前，诗歌、辞章、音乐都是无力的。无论多么优秀的诗人和歌者，最后都会发出奈美若何的叹息！美丽的女人人见人爱，但真正令人心仪的永恒美丽，往往是具有磁石般魅力的女人。那么，什么样的女人才具有魅力呢？三个字：气质美。

气质是女人征服世界的利器，就如同一座山上有了水就立刻显现出灵气一样。一个女人只要插上了气质的翅膀，就会立刻神采飞扬、明眸顾盼、楚楚动人。

著名化妆品牌羽西的创始人靳羽西说过："气质与修养不是名人的专利，它是属于每一个人的。气质与修养也不是和金钱权势联系在一起的，无论你是何种职业、任何年龄，哪怕你是这个社会中最普通的一员，你也可以有你独特的气质与修养。"

在现实生活当中，几乎所有的男人和女人都喜欢与这样的女人相处，因为这种女人使你既有视觉上的好感，又有一种吸引人的特别力量，能不断地感染你，使你羡慕，让你追随。

气质是一种灵性，一个女性如果只靠化妆品来维持，生命必定是苍白的。

气质是一种智慧，一点点地雕琢着一个人，塑造着一个人，一个不经意的动作，就能吸引所有人的目光。

气质是一种个性，蕴藏在差异之中，只有不断创新，才能拥有与众不同的韵味，成为一个让人一见难忘的人。

气质是一种修养，在城市流动的喧嚣中，洗练一种超凡脱俗的"宁"与"静"，面对人间沧桑，才会嫣然一笑。

对女人而言，气质是一种永恒的诱惑，因为气质不仅仅靠外貌就能获得，而且还要拥有丰富的智慧与常识，拥有傲人的气度与素质。

在生活水平日益提高的今天，用来美化包装女人的手段可谓层出不穷。皮肤不白可以增白，五官不正可以再造，脂肪过剩可以吸除，形体不美可以训练，但至今还没听到有"女人气质速成"之类的技术面世。

事实上，女人的气质首先是先天的或者说是与生俱来的。其次，后天长期的潜心修养也很重要。而刻意模仿、临时突击则是难以从根本上改变气质的，弄不好"画虎不成反类犬"，成为效颦的东施，反为不美。

站：站一定要挺，抬头挺胸收腹，头别仰上天，胸别挺出去了，一切要平，这是最起码的站姿，而且不管在哪里，在哪种场合，只要是站就要保持这种形态，长久下来就会形成一种习惯。如果感觉站不出那效果，那就脚跟、臀部、两肩、后脑勺贴着墙，两手垂直下放，两腿并拢做立正姿势每天站上个半小时。

坐：坐姿一定要雅，上身要正，臀部只坐椅子的1/3，腿可以并拢向左或向右侧放，也可以一条腿搭在另一条腿上，两腿自然下垂。但两腿不能叉开，腿也不能放椅子上，如果你还没习惯的话，就利用工作中休息的时候来锻炼一下自己。

走：抬头挺胸收腹，别总是低头数自己的脚指头。走在路上就把路当你的T形舞台，但也不是要你走得横行霸道，要走得旁若无人，目不斜视，走出自己的气势，不要急步流星，也不要走得生怕踩了路上的蚂蚁，不快不慢，稳稳当当。剩下的就是走姿了，可以扭，臀部的扭动更显你的腰姿，但不要上身全跟着动起来，给人看上去有轻浮感，两手垂直，轻轻前后摇摆，不是走军姿，也不是走正步，要自然。

外形上特别要注意的就是服装，不一定非要是名牌，但是一定要适合自己的年龄、身材，要穿出自己的个性，一件好的衣服人家穿得很好，但不一定就非常适合你穿。

　　好的外形已具备，那现在要的就是自信，自信你是最美丽、最优秀的。不要摆在嘴上，做人一定要谦虚，聪明的人一直都是在夸别人的。也千万不要在网上宣传自己怎么怎么样了，给的希望越大，大家看到你的时候失望也就越大。要放在心里，从心里往外地散发，表现在你的脸上。

　　说到脸，那就要说说脸部表情，要微笑，记得是微笑，不要呆若木鸡，也不要笑得花枝乱颤。做不到笑不露齿，那就轻轻上扬一下你的嘴角。最重要的就是你的眼睛，听别人说话，或者跟人说话时一定要正视人家，不要左顾右盼。记得有本书上说女人的眼睛是她心的一道闸门，那就好好地利用这道闸门，把你的自信表现出来。

　　真正高贵脱俗、优雅绝伦的气质，需要的是全方位的修养和岁月的沉淀。像一抹梦中的花影，像一缕生命的暗香，渗透进女人的骨髓与生命之中，让她们能够在面对岁月的无情流逝时，仍然能够拥有一份灵秀和聪慧，一份从容和淡泊……

5.不要错过那些真实存在的风景

换个态度，让自己的世界充满阳光。

人生如同一只在大海中航行的帆船，掌握帆船航向与命运的舵手便是自己。有的帆船能够乘风破浪，逆水行舟，而有的却经不住风浪的考验，被大海无情地吞噬。之所以会有如此大的差别，不在于别的，而是在于舵手对待生活的态度不同。前者被乐观主宰，即使在浪尖上也不忘微笑；后者是悲观的信徒，即使起一点风也会让他们胆战心惊。一个人面对生活是闲庭信步，抑或是消极被动地忍受人生的凄风苦雨，都取决于对待生活的态度。

改变环境不如改变自己。

每一个人现在所处的情况，正是以往生活态度造成的，所以，若想改变未来的生活，使之更加顺利，必得先改变此时的想法。倘若坚持错误的观念，固执不愿改变，即使再努力，恐怕也体会不到成功带来的喜悦。所以，不要害怕改变，要勇于尝试自己从未进行过的改变，在这个过程中你会体会到更大的快乐。

当你在一个安逸的环境中沉湎得太久时，一切都已成定式，你只是顺着生活的习惯在走路，心中已没有了追求事业和成功的热切渴望，曾经的棱角和锐气被磨平。这样的人是悲哀的，注定在事业上庸庸碌碌，一无所成。由此，明智的做法应该是从改变自己做起。一个人只有勇于去改变，才能让事业和生活的轨道脱离原来的固有模式，朝着新的方向驰骋。

一个人会改变，是因为自己经历得多了，对事情的看法和做事的方式都会发生变化。但是并不是每个人都会朝着理想的方向变化，有的人会因为一些挫折而自暴自弃，放弃了自己的梦想，成为了生活的失败者，潦倒度日；有的人则在生活的历练中变得更加成熟稳重、更加淡定，对自己的信心越来越强，生活和事业也越来越红火。为什么人的变化会产生这么大的不同呢？很大的原因就在于，他们面对生活的态度不一样，他们从所遇到的挫折中解读出的内容不一样。面对挫折，有的人不愿做出改变，一味地怨天尤人，所以，久而久之自己的斗志被消磨殆尽，但是那些生活的强者，面对挫折会积极思考应对策略，让自己变得更强，让挫折在自己面前失去威力。所以，他们始终能够微笑地面对生活，成为别人羡慕的对象。

给自己一个好的改变并不难，只要你用心，只要你愿意，就会让自己变得更好，变得更强，生活也会因此变得更加垂青于你。没有人是天生注定就是成功的，他们也是在人生道路上不断学习，不断调整自己的步伐，让自己向着好的方向转变，才最终实现了自己的辉煌。

毕业于新闻编辑专业的乐文进入时尚杂志社出乎了很多人的意料，因为她的专业与时尚并不挂钩，同时她相貌平平，在美女如云的时尚杂志社里，显得格格不入。主编是一个非常刁钻的人，动不动就会炒助理的鱿鱼，所以这份工作对她来说是极大的挑战，但是她并没有因此就放弃了自己的工作，而是选择让自己改变，让自己在最短的时间内融入这个时尚圈子。改变并不是口头说说的，是需要付出代价的，乐文牺牲了很多业余时间来整理自己还并不熟悉的助理工作；而且她针对自己对时尚了解不多这一点，有意识地结交了很多时尚圈的朋友；广泛地阅读时尚杂志，提高自己对时尚的理解；在自己的穿着打扮方面也进行了很大的改善。同事们看着她如此认真和努力，也慢慢地接受了她。两年后，乐文已经成为了一个神采奕奕、自信满满的助理，而且举止优雅，已经完全改变了自己开始涉足时尚圈的那种青涩，主编对她也非常满意。

说起自己的变化，乐文这样跟自己的朋友说："人有时候不得不面对很多你没有预料过的环境，是让环境适应你还是让自己发生好的改变去适应环境？我想很多时候选后者更是一种明智的生存法则，因为有时候环境很残酷，不可能去按你的意愿变化，所以，我们能做的就是让自己改变，去适应环境。改变是需要付出代价的，我们要改变，就要虚心学习，从周围的人那里学习他们的优势来弥补自己的短处，这样才能让自己变得越来越好。"

从乐文的身上我们看到改变带给一个人的惊喜，所以，当面对挫折或者挑战的时候，不要害怕颠覆自己已经拥有的东西，要勇敢地改变自己，让自己朝着理想中的自己转变。一个拒绝改变的人只能在原地徘徊，不可能欣赏到更美丽的风景。

人有时候总会凭着自己的愿望想去改变些什么，总是认为别人的做事方式不合自己的意愿，自己所处的环境让自己不舒服。但是如果让所有的人都来适应你，这是不是一个很自私的想法呢？其实自己处在一个大的环境中，只有适当地去调节自己，让自己更加适应这个环境才是智者所为。

只有通过自己的努力让大家认可，才能真正融入一个新的环境中。当你用一种良好的心态，去面对周围的事物时，你会发现自己所处的环境挺好的，自己已经完全适应了这个环境，你也会在这个环境中过得更好。

让环境来适应自己，不如让自己适应环境。当你抱着一种

"环境必须要适应我"的心态的时候，你会发现没有一个地方是适合你的，你在每个地方都不会待太长时间，但是当你抱着一种既来之、则安之的心态去适应环境的时候，你会发现自己的适应能力在变强，不像以前那么挑剔了，自己对人际关系开始应付自如了，周围的人也开始接受并喜欢上自己了，这样的转变会让你产生自信，让自己变得更有活力。

自己过去所处的环境并不重要，自己的过去也不重要，只要你在新的环境中愿意做出改变，通过自己的努力就可以走出一条崭新的道路。

6.没有我们到不了的明天

女人有什么样的心态，就会有什么样的命运。请始终相信，没有什么困难是不能克服的，没有我们到不了的明天。

快乐的女人未必每天遇到的事情都是好事，而是她满足于自己已有的一切；幸福的女人并不一定一直都是心想事成，而是用积极的心态对待生活。其实，决定一个女人命运的关键就是心态。

有位伟人曾说："要么你去驾驭生命，要么是生命驾驭你。你的心态决定谁是坐骑，谁是骑师。"人生并非是一种无奈，而是可以通过主观努力去把握和调控的，心态就是调控人生的控制塔。女人有什么样的心态，就会有什么样的生活和命运。

海伦·凯勒出生时是个正常的婴儿，能看，能听，咿呀学语，可是，一场疾病让她变成了残疾人——她瞎了，聋了，也哑了——那一年她才19个月。所幸的是，小海伦在黑暗的人生悲剧中遇到了一位伟大的光明天使——安妮·沙莉文女士。

在安妮·沙莉文女士的教导下，海伦·凯勒不仅学会了说话，还学会了用打字机写稿著书。海伦·凯勒虽然是一位盲人，但读过的书却比视力正常的人还多。她出版了7册自己著的书。海伦·凯勒的触觉极为敏锐，她用手指头放在对方的嘴唇上，就知道对方在说什么；音乐家在表演的时候，她用手触摸钢琴、小提琴的木质外壳，就能"听"到音乐的声音。

如果你和海伦·凯勒握过手，5年后你们再见面握手时，她可以根据上次跟你握手的记忆，认出你来；她可以根据跟你握手、聊天，判断你的个性和体魄，比如你是不是很美、很强壮，你是滑稽的人还是爽朗的人，或者是个满腹牢骚的人，等等。

海伦·凯勒简直是人间的奇迹，她让你震惊，让你欣慰，让你不得不赞赏她。海伦·凯勒大学毕业那年，有好心人为她在圣路易博览会上设立了"海伦·凯勒日"的活动。有人问她，是凭什么取得这样的收获的？

她说，我之所以能取得如此的收获，是因为我始终对生命充满信心，充满热忱，是自信、积极的心态让我克服重重困难，困难造就了我的今天。由此可见，一个人的心态对能够改变自己的命运有多重要。

姑娘，你要内心强大

世界上每天每个角落都在上演各种剧目，生活中总是会有各种各样的事情发生，没有人能预料明天会发生什么，但女人可以用良好的心态做人生的指挥官，相信自己才是命运的主宰。

有两个30岁的女人，是大学同学，有一天在马路上碰到了。其中一个说："哎哟！你怎么变成这个样子了，脸色这么难看？你心情不好吗？"另一个说："我苦死了！我离婚了。我这辈子彻底完了！""啊？你离婚了？你不知道吧，我也刚刚离婚。""是吗，你也离婚了？那我看你还兴高采烈的样子。""为什么不高兴啊！我终于冲出围城了，我终于自由了！我要好好过我自己的日子！"

那个认为自己是天底下最倒霉的女人，离婚之后很多天缓不过劲来，也没有去上班，她痛恨那个让自己失去爱和家庭的男人，整天以泪洗面。家人同事刚开始都好心好意劝她，她一点听不进去，还很敏感，觉得大家都在笑话她，不关心她。本是好意却换来尴尬和无趣，也就没有人再理她、再劝她了。心情不好，工作业绩自然也就下来了，不久，领导要给她调部门，她心想领导是落井下石，就生气地辞职了。

而心态好的女人离婚之后觉得从未有过的轻松，她感到终于可以按照自己的想法过日子了。心情好，工作也积极，客户也越来越多了，业绩更是逐步提高。又几年过去，这个乐观积极的女人有了自己的公司，遇上了与自己真正相伴一生的男人，生活幸福而美满。

同样是离婚，乐观女人和悲观女人的态度却大相径庭。随着时间的流逝，她们的情况随着心态慢慢地发生着变化，最后导致不同的人生命运。

琼是一个不到20岁的女孩，在父亲的农场工作。她身体很健康，工作也很努力。但是，农场并没有让她发财，但日子还过得下去。

可是，有一天，突然间发生了一件事情，这件事使琼一下子陷入了困境。琼患了全身麻痹症，卧床不起，几乎失去了生活能力。她的亲戚们都确信：她将永远成为一个失去希望、失去幸福的病人。她可能再不会有什么作为了。

但她能思考，她确实在思考、在计划。有一天她做出了自己的计划。她把她的计划讲给家人听。"我再不能劳动了，"她说，"如果你们愿意的话，你们每个人都可以代替我的手、脚和身体。让我们把农场每一块可耕的地都种上玉米，然后我们养猪，用所收的玉米喂猪。当我们的猪还幼小肉嫩时，我们把它宰掉，做成香肠，然后把香肠包装起来，注册一种商标出售。我们可以在全国各地的零售店出售这种香肠。"她接着说道，"这种香肠可以像热糕点一样出售。"

这种香肠确实像热糕点一样出售了！几年后，名为"琼仔猪香肠"的食品竟成了家庭的必备食品，成了最能引起人们食欲的一种食品。

琼利用自己的大脑，然后借用别人的手，依然干出了自己的一番事业。琼用什么方法创造了这种变化呢？她应用了"积极心态"的办法。是的，她的身体是麻痹了，但是她的心理并未受到影响。

琼积极的心态使她满怀希望，怀抱乐观精神和愉快情绪，把创造性的思考变为现实。她要成为有用的人，而不要成为家庭的负担。

一个女人幸福与否和心态有着密切的关系。人生不可能是一帆风顺的，挫折和失败都会不期而遇，幸运和厄运同样令人刻骨铭心难以忘怀。无论身处顺境还是逆境，改变了心态的女人就改变了对生活的追求，有了追求就有奋发向上的斗志，奋斗的结果就是硕果累累，幸福满园。

女人一旦拥有了独立、平和、感恩、善良、宽容、坦然等这些心态，无论她从事什么职业，她的眼神都会清澈，神情都会自信，都会用细腻的心思去感受周围的一切。她的生活会因此充满温暖的氛围，周围的人都喜欢与她在一起，感受她带来的愉悦气息，这样的女人，怎会不幸福呢？

女人，要时时保持平和的心态，把自己变成幸福的主人。虽然女人的美丽有很多种，可是慢慢地，当女人老去时，很多的美丽都会慢慢褪色，只有心态这种美丽会随着幸福的加深越来越灿烂。

著名女作家塞尔玛在成名前曾陪伴丈夫驻扎在一个沙漠的陆军基地里，丈夫奉命到沙漠里去演习，她一个人留在基地的小铁皮房子里，沙漠里天气热得受不了，就是在仙人掌的阴影下也有华氏125度（大概52℃）。而且她远离亲人，身边只有墨西哥人和印第安人，而他们又不会说英语，没有人和她说话、聊天。

她非常难过，于是就写信给父母，说受不了这里的生活，要不顾一切回家去。她父亲的回信只有两行字，但它们却永远留在她心中，这两句话完全改变了她的生活：两个人从牢中的铁窗望出去，一个看到泥土，一个却看到了星星！

塞尔玛反复读这封信，觉得非常惭愧。于是她决定要在沙漠中找到星星。她开始和当地人交朋友，而他们的反应也使她非常惊讶，她对他们的纺织、陶器表示感兴趣，他们就把自己最喜欢但舍不得卖给观光客人的纺织品和陶器送给了她。

塞尔玛研究那些引人入迷的仙人掌和各种沙漠植物，又学习了大量有关土拨鼠的知识。她观看沙漠日落，还寻找海螺壳，这些海螺壳是几千万年前沙漠还是海洋时留下来的……原来难以忍受的环境变成了令人兴奋、流连忘返的奇景。

那么，是什么使塞尔玛的内心发生了这么大的转变呢？沙漠没有改变，墨西哥人、印第安人也没有改变，是她的心态改变了。一念之差，使她原先认为恶劣的生活环境变为一生中最有意义的冒险。她为发现新世界而兴奋不已，并为此写下了《快乐的城堡》一书。她从自己造的牢房里看出去，终于看到了星星。

拥有好的心情，你才能体验到别人体验不到的精彩生活。心态具有强大的力量，这种力量能从里到外影响你、暗示你。

一个夏天的傍晚，美丽的少妇想投河自尽，被正在河中划船的白胡子艄公救起。艄公问："你年纪轻轻，何故寻短见？"

"我结婚才两年，丈夫就遗弃了我，我一无所有了。您说我活着还有什么乐趣？"

艄公听了沉吟一会儿，说："两年前，你是怎样过日子的？"

少妇说："那时我自由自在，无忧无虑呀……"

"那时你有丈夫和孩子吗？"

"没有。"

"那么你不过是被命运之船送回到两年前去了，有什么害怕的？现在你又自由自在、无忧无虑了。请上岸去吧……"

原来世事不过像一场梦罢了，我方唱罢你登场。命运往往无常，权且把心放宽，换个角度看世界，世界无限宽广；换种立场待人事，人事无不轻安。

女性一定要清醒地认识到心态在决定自己人生成功上的作用——你怎样对待生活，生活就怎样对待你。一项任务刚开始时的心态就决定了最后将有多大的成功，这比任何其他因素都重要。

Lesson 6

路，要一步步走

　　在伟大的世界里，造物主为每个人都准备了美满的人生，我们应该下定决心，集中精力，去努力争取。

——卡耐基

1.踏实努力，没有无法拥抱的幸福

经济学家认为，人们越来越富，但就是体会不到幸福的感觉。为什么如此呢？就是人与人之间攀比之心在使坏。攀比心一起，心理必然失衡，幸福感大打折扣。

在外打拼多年的李先生因为升职为主管薪水加了不少，年薪达到了6万多元，于是在春节的时候，他用多年的积蓄买了一辆10万元左右的小汽车，与妻子、女儿一块，风风光光地回老家过年。

没想到，在年前参加同学聚会时，李先生良好的心情一下子就不复存在了。原来，聚会同学的小汽车绝大部分在20万元以上。推杯换盏时再一打听，在场的同学年薪几乎都在10万元以上。相比之下，李先生属于穷人了。因此，整个聚会时间，李先生闷闷不乐。回来到家后，心想自己奋斗了这么多年，仍然落在同学后面，他一个晚上也睡不着觉。第二天，李先生就带着一家人回老家了。但同学们的风光还是不断刺激着他，使得他在整个春节期间都郁郁寡欢。

"人比人，气死人"，像李先生这样盲目与人攀比，结果只能是自讨没趣。生活中，这样的现象很多，我们如果发现身边的张三升官了、李四发财了、王五中大奖了、赵六买了汽车了、钱七买房子了、李九评职称了……这样的信息总会强烈地打击着我们的自信，使我们感到郁闷无比。

"生死有命，富贵在天"，这话虽然消极，但说明了每个人都有自己的生活方式，日子该怎么过还得怎么过，只要自己开心就好，实在没有必要用别人作为自己的参照对象。如果总是和别人较劲、攀比，越比就会觉得缺少的东西太多，越比就会对自己越没有信心，心理就会失去平衡，就会自寻烦恼。

马克思曾经说过：一座房子不管怎样小，在周围的房屋都是这样小的时候，它是能够满足社会对住房的一切要求的，但是，一旦在这座小房子的近旁耸立一座宫殿，这座小房子就缩成可怜的茅舍模样了。这话说明了一个道理：凡事都怕攀比，一攀比问题就出来了。

丈夫王亮和妻子朱婷原本是大学同学，两人的收入都还不错，也买了房买了车，应该说小日子滋润得很。但也是在一次同学聚会上，朱婷看到过去成绩、能力不如丈夫的男同学，一个个发了迹，而那些远不如朱婷漂亮的女同学也一个个都嫁了有钱人。与他们一比，王亮和朱婷发现自己什么也不是了，只得悻悻回家。回家后还没完，朱婷到家后就脱口而出："怎么嫁给你了？"这句话更刺痛了王亮的自尊心，两人开始争吵起来，最后闹到要离婚。

过日子是自己过，而不是过给别人看的，因此不应该将什么东西都放在比较的天平上。攀比不仅会给人增添许多的烦恼、痛苦和折磨，给人所带来的心理压力还会引起很多疾病，譬如十二指肠溃疡、胃病、高血压、糖尿病、心脏病、血管病，还可造成身心失调症、神经衰弱、抑郁症等心理疾病。

小林现实生活虽然衣食无忧，工作也挺稳定，但是每当看到和自己差不多年纪的朋友开着私家车进出豪华公寓，再想想自己住的小而拥挤的家属楼，他的心里总是有一股难言的惆怅。为了不让别人看低自己，他狠狠心、咬咬牙、跺跺脚，按揭买了一套100多平方米的商品房。本以为这样心里就踏实了，殊不知烦心事还在后头呢。物管费、分期付款、车库钱、电梯费，从此像一座大山压得他喘不过气来。整日处于巨大压力下的他开始变得烦躁不安，上班时总觉得没有精神，注意力也无法集中，而晚上则常常失眠、心悸。到医院一检查，心理医生诊断他患了焦虑症。

什么是不生气？不生气就是能平静地面对一切，做到浮沉不乱、宠辱不惊，坦然接受自身的现实以及他人对自己的评价。如果做人没有这种思想境界，就会不择手段地追名逐利，或者死要面子地盲目攀比，结果只能是劳心伤神，疲惫不堪，这又何苦来呢？

俗话说"知足常乐"，对现状不知足，无疑是自寻烦恼。在工作中、学习中，我们可以拿自己与优秀的人做比较，这样才能见贤思齐。但在生活中，我们则应该经常与那些不幸的人相比，就发现自己生活得相当不错了。特别是去以下三个平时很少去的地方，就会发现自己原来生活在天堂里。

一是贫困的地方。很多人不知道生活的艰辛，不知道生存的困难，当你看到贫困地区的贫困面貌后，看到小孩渴望的眼睛与老人呆滞的神态，心里会产生一种震撼，就知道能吃饱穿暖已经是很幸运的事情了。二是监狱。去看看那些被剥夺自由的人吧，你就会觉得在大街上闲逛、在电视前面发呆不再是苦恼了。三是殡仪馆。上帝对任何人都是平等的，因为人都会死亡。想想那些不可一世但又已经故去的人，就会知道活着才是真实的，其他全部是虚无的。

攀比实际上是一种欲望不满足的心理过程，人的欲望又是没有止境的。有了几百万，见到上千万的会痛苦；有了上千万，见到上亿的又不舒服。当了处长见了局长会自卑，当了局长见了部长又会不安。因此，攀比的最终结果都是以失败告终，并因此而愤愤不平，这于己于人于家庭于社会都是有害无利的。

倘若与远远强过你的人相比，你就会觉得生活不幸福，并为此烦恼不已；如果与那些不如你的人，比你更穷、房子更小、车子更破的人相比，你的幸福指数就会突然增加，因为一个人的幸福指数与攀比别人是成反比的。所以：

如果今夜失眠，想想那些无家可归的人吧；

如果开车遇到堵车，想想许多还没有汽车的人吧；

如果今天工作不顺利，想想下岗在家的人吧；

如果与老婆吵架了，想想还有那么多人打光棍呢；

如果在周末感到无聊，想想有的人还在加班工作呢……

这不是阿Q精神，而是理智务实的人生态度。如果每个人都能客观地认识自己，知道自己有多大的分量，就能安于平淡，安于平实的生活。

北宋宰相晏殊当职时，正值天下太平。于是，京城的大小官员便经常到郊外游玩或在城内的酒楼茶馆举行各种宴会。晏殊家贫，没钱出去吃喝玩乐，只好在家里和兄弟们读写文章。有一天，真宗提升晏殊为辅佐太子读书的东宫官。大臣们惊讶异常，不明白真宗为何做出这样的决定。真宗说："近来群臣经常游玩饮宴，只有晏殊闭门读书，如此自重谨慎，正是东宫官合适的人选。"晏殊谢恩后说："我其实也是个喜欢游玩饮宴的人，只是家贫而已。若我有钱，也早就参与宴游了。"

一个人生活质量的高低，不在于你在哪里生活，而在于你怎样生活。生活就得像晏殊这样过，有钱过好一点，没钱就过紧一点，始终不与他人攀比。少一些攀比，就会少一些烦恼、少一些浮躁，这样就能活得潇洒自在，活出一种真正的大气度。

2.只要终点一样，绕点弯路又何妨

罗根·史密斯说过："生命中只有两个目标：其一，追求你所要的；其二，享受你所追求到的。"

如果我们敢于追求，那我们就能找到自己可以享受到的东西。如果我们能不拘泥于已有的东西和别人所给予的东西，而是去寻找属于自己的东西，那我们就能放下心中的枷锁，轻快上路。

一个人要想真正地生活，要想有所作为，就必须冲破外界因素的控制，就必须破除左右我们的思想。一个人如果不想糊涂地度过自己的人生，就不能重复别人制定的程序，就不能让别人的想法成为我们行动的按钮。如果我们过度地认可他人，那无疑是在贬低自己的智商，把自己的生活依附在他人身上。

我们可以吸取他人优秀的思想，可以羡慕他人取得的成就，但却不能膜拜他，不能信仰他的理论。否则就给自己戴上了一个永远无法自己站起来的套子。如果我们要用他人的标准来解释自己的思想，来衡量自己的行为，那就会看不到自己的成绩，不能勇于为自己的事情担负责任。

如果我们学会放弃一味地继承他人的思想，学会放弃他人对我们的专制，那我们的每次放弃都将无愧于自我，都能展现出真正的自我。放弃能让我们迈向成功的彼岸。

如果放弃别人的想法，我们还可以做到。那么，要让我们放弃已取得的成功，再尝试从零开始，可能需要很大的勇气。由自己一手创建的事业，凝聚着自己的心血，每踏出一步，无不付出艰辛的代价，其中的奋斗过程只有自己明白。如果放弃这些，意味着以前的一切努力都将付诸东流。有可能在新的起点上，我们会输得一败涂地，再也无法翻身。可是，如果我们已明确了自己的目标，而已取得的成就已经不能再适应我们的发展，不妨试着放弃它，选择另一条发展之路，也许我们将发现现在所走的路才是自己应当走的路，才是自己生命的开始，才真正找到自己一生为之奋斗的目标。

这就是生命的乐趣，生命是自己的，路只能自己走。不管是荆棘小路，还是光明大道，只有在探索中才能知道，才能体会出苦与甜的滋味。如果生命之路没有风险，那怎能品味人生？学会放弃，或许明天的天空会更宽阔。

　　如果我们认定的唯一一扇大门不再为我们敞开，不必再在门前徘徊或撞个头破血流终不醒悟。我们要学会放弃，转身寻找一个为我们开放的天窗，或许在那儿我们同样能望见满天星斗。

　　不会放弃的人，永远无法获得；怀旧的人，不知道什么是眺望。放弃不是逃避，不是懦弱，而是一种选择，是一种洒脱。放弃也是波峰之间的波谷，涨潮前的退潮。有波谷才有波峰，有低潮才有高潮。

3.很高兴，我们是同路人

行为是一面镜子，每一个人都在里面显示出自己的形象。

小小的、薄薄的镜子也许并不是每个人都经常用得着，它可以让我们看清自己，发现脸上的灰尘，把自己打扮得更漂亮。

但生活中还有另一类镜子，我们的眼睛或许看不见它，很多时候甚至感觉不到它，但它确实每时每刻都存在，并如影随形相伴在我们的左右。那就是人。古语云："以铜为镜，可以正衣冠；以古为镜，可以见兴替；以人为镜，可以明得失。"人作为自己和别人的镜子，既可鉴己又可照人，这也许就是古人热衷于"以人为镜"的最好理由了。

在前进的道路上，只要能一起走一段路，并且能有助于我们成长的人，都算是同道中人。

唐太宗以魏征为镜，看到了自己处理朝政时的得失，使自己颁布的政令更合乎民意，因而他能赢得天下太平，博得盛世美名。司马迁因受宫刑，绝望至极，但他以古代的哲人为镜，看到了自己生存的意义。文王被拘，始有《周易》；屈原放逐，乃赋《离骚》；左丘失明，才写《国语》……历史上诸多不幸的伟人都能成就一番事业。司马迁以他们为镜，从他们身上看到了希望与力量，从此，他发愤著书立说，以顽强的意志，忍辱负重，终于完成了中国历史上第一部纪传体通史。

以人为镜，可以明得失，可以让自己在生活的道路上少走弯路。把伟人、成功者当作镜子，可以让我们信心百倍地迎接挑战，鼓励我们前行，也可以让我们接受他们失败的教训，工作上少走弯路。以人为镜，不可一味模仿，一味邯郸学步，要根据自身情况，灵活运用。以人为镜，要多学习别人的长处，避免犯同样的错误。以人为镜好处多，但要选对镜子，选对自身有益之镜，如若拿错了镜子，就不能正确认识自己，要么自卑，要么自大。

德国著名的作家歌德有个比喻很形象："行为是一面镜子，每一个人都在里面显示出自己的形象。"确实，我们每个人也是自己的镜子，别人通过我们的一言一行观察、揣摩、了解并最终把我们定性和归类，于是我们成了别人眼里的好人、坏人、可信的人、不可信的人……别人如果觉得你真心诚意待他，他就会真心诚意地对待你；你待别人高尚，别人也会高尚地待你。这就是所谓的"镜子效应"，人们对此有更为朴素和直接的认知：生活本身是一面镜子，你对它微笑，它也会对你微笑；反之，亦然。

其实，生活中许多东西都可以作为我们的镜子，可以借鉴。伟人可以为镜，凡人也有值得学习之处，正面人物值得借鉴，反面人物也可让我们自省。总之，以人为镜，可以让自己在生活的道路上少走弯路，少受挫折，此生取得更大的成就。

4.活着就是最大的幸运

有人向一位算命很准的老道询问来年的运事如何。老道说："你明年会交大好运。"那人特别高兴地回去了，回家就开始等着自己大好运的到来。等啊，等啊，从1月等到12月，也没有等来好运。等到除夕那天他高兴极了，心想今天可是一年的最后一天了，肯定能交好运，可是这一天仍然什么好事也没有发生。

这个人沉不住气了，初一一大早就去找那位道士理论。道士一看见他就笑着问："你怎么答谢我？"那人生气地说："你不是说我去年能交大好运吗？怎么什么好运也没有啊？害得我苦等了一年！"老道慢条斯理地说："你这不是已经交了大好运了吗？""大好运在哪儿？我不还是这么穷，这一年我连一文钱都没捡到。"老道淡淡一笑说："你想想这一年里有多少人死于非命，有多少人妻离子散，又有多少人家破人亡，还有多少人遭受着生离死别的痛苦？而你不还是好好地活着，子女孝顺、夫妻恩爱吗？难道这不是最大的好运吗？"

老道的一番话虽然有自圆其说的嫌疑，但是"活着就是幸运"的道理却是千真万确的。人的生命就好像"1"，其他的诸如职位、财富这些东西就是"1"后面的"0"，只有活着这个"1"存在了，后面那一连串的"0"才有意义。有一句话说的就是这个道理：男人一定要吃好喝好、玩好睡好，一旦累死了，别的男人就花咱的钱，住咱的房，睡咱的老婆，还打咱的娃。其实，不管男人女人，能够平安地活在这个世界上，都应该珍惜和感到幸福。

中国人常用"五福临门"来祝贺他人，这五福的内容是：第一福"长寿"，命不夭折且福寿绵长；第二福"富贵"，钱财富足且地位尊贵；第三福"康宁"，身体健康且心灵安宁；第四福"好德"，生性仁善且宽厚宁静；第五福"善终"，命终时，没有遭到横祸，身体没有病痛，心里没有牵挂和烦恼，安详地离开人间。

为什么"长寿"被视为五福之首，是人生最大的福气呢？因为只有活着，你才能欣赏这世界万象，观赏这世间百态，死了就再也办不到了。武侠小说中，报复仇家的一种手段就是比仇家活得长，当仇家已经死了，而自己还逍遥地活在这世界上，的确是件大快人心的事。

人生最大的财富是健康长寿，道理人人都懂，但要真正做到，却不是件容易的事。古今中外的芸芸众生，或为名所惑，或为利所动，或为官而奔波，或为爱情而苦恼，却不知人生最大的财富就是自己的生命。

有个年轻人觉得自己的人生太悲惨、太沉重了，他忍受不住了，就跑到一座山顶上，准备跳下去。一位守山老人听了年轻人的哭诉，对他说："你说你的人生太悲惨，不妨仔细说来，看看咱俩到底谁更悲惨。"

年轻人说："我从小没有母亲，父亲从不管我，我没有考上大学，到现在还没找到工作。因为没有钱，女朋友也和我分手了，现在我无依无靠，租的房子也到期了……我这样还不够悲惨吗？"

"年轻人，你的人生多么幸福啊！"老人听了哈哈大笑起来，然后接着说，"你从小没有母亲，我连自己的父母是谁都不知道；你没有考上大学，我幼儿园都没去过；你和女朋友分手了，可我始终独身一人；你还有钱租房子，我只能住在山洞里……你说，我们两个到底谁更悲惨？"年轻人很惊讶地说："想不到还有比我更悲惨的人，如果我换作是你还不如死了算了。"

　　老人又笑了："如果大家都像你这样想，人类早就死光了。"年轻人不解地问："你的遭遇如此悲惨，为什么还那么开心呢？""因为还有比我更悲惨的人。因为我还活着。"年轻人听了老人最后一句话，恍然大悟，打消了轻生的念头。

　　人的生命只有一次，所以一定要珍惜，千万别做寻短见的蠢事。既然连死都不怕，还怕活着吗？"月有阴晴圆缺，人有悲欢离合"，也许你正经历着不幸，正处于无比的痛苦之中，但你在不幸之中还是万幸的，因为你还活着。没错，活着就是希望；活着，一切皆有可能。

5.走快了走累了，那就退一步

生在纷繁复杂的大千世界里，和别人发生着千丝万缕的联系，磕磕碰碰，出现点摩擦，在所难免。此时，如果仇恨满天，得理不饶人，后果只能是两败俱伤，鱼死网破，而如果采取忍让之道，则会"忍一时风平浪静，退一步海阔天空"。哪个更划算，不言自明。

中国历史上，凡是显世扬名、彪炳史册的英雄豪杰、仁人志士，无不能忍。人生在世，生与死较，利与害权，福与祸衡，喜与怒称，小之一身，大之天下国家，都离不开忍。现代社会中，许多事业上非常成功的企业家、金融巨头亦将忍字奉为修身立本的真经。因而，忍是修养胸怀的要务，是安身立命的法宝，是众生和谐的祥瑞，是成就大业的利器。

忍是一种宽广博大的胸怀，忍是一种包容一切的气概。忍讲究的是策略，体现的是智慧。"弓过盈则弯，刀过刚则断"，能忍者追求的是大智大勇，绝不做头脑发热的莽夫。

忍让是人生的一种智慧，是建立良好的人际关系的法宝。忍让之苦能换来甜蜜的结果。

《寓圃杂记》中记述了杨翥的故事。杨翥的邻居丢失了一只鸡，指骂说是被杨家偷去了。家人气愤不过，把此事告诉了杨翥，想请他去找邻居理论。可杨翥却说："此处又不是我们一家姓杨，怎知是骂的我们，随他骂去吧！"还有一邻居，每当下雨时，便把自己家院子中的积水放到杨翥家去，使杨翥家如同发水一般，遭受水灾之苦。家人告诉杨翥，他却劝家人道："总是下雨的时候少，晴天的时候多。"

久而久之，邻居们都被杨翥的宽容忍让所感动，纷纷到他家请罪。有一年，一伙贼人密谋欲抢杨翥家的财产，邻居得知此事后，主动组织起来帮杨家守夜防贼，使杨家免去了这场灾难。

春秋五霸之一的晋文公，本名重耳，未登基之前，由于遭到弟弟夷吾的追杀，只好到处流浪。

有一天，他和随从经过一片土地，因为粮食已吃完，他们便向田中的农夫讨些粮食，可那农夫却捧了一抔土给他们。

而对农夫的戏弄，重耳不禁大怒，要打农夫。他的随从狐偃马上阻止了他，对他说："主君，这泥土代表大地，这正表示你即将要称王了，是一个吉兆啊！"重耳一听，不但立即平息了怒气，还恭敬地将泥土收好。

狐偃身怀忍让之心，用智慧化解了一场难堪，这是胸怀远大的表现。如果重耳当时盛怒之下打了农夫，甚至于杀了人，反而暴露了他们的行踪，狐偃一句忠言，既宽容了农夫，又化解了屈辱，成就了大事。

忍让是智者的大度，强者的涵养。忍让并不意味着怯懦，也不意味着无能。忍让是医治痛苦的良方，是一生平安的护身符。

生活中许多事当忍则忍，能让则让。善于忍让，宽宏大量，是一种境界，一种智慧。处在这种境界的人，少了许多烦恼和急躁，能获得更加亮丽的人生。

Lesson 7
铿锵玫瑰笑傲职场

如果你对事情满怀热忱，你就一定成功。

——卡耐基

1.认真工作的女人最美丽

女人对生活充满激情，职场上，自然包括用激情去对待工作。那么，生活和工作中应该用什么来保持激情呢？

伟大的热情能战胜一切，因此一个人只要强烈地坚持不懈地追求，他就能达到目的。

是什么东西能够激发一个人为了完成一件任务可以几天几夜不眠不休？可以承受几年甚至更长的时间去做琐碎细致的工作而一直追求卓越？可以面对任何困难毫不退缩？可以面对无数次拒绝仍然不会放弃？可以不惜一切代价地去做事，不达目的决不罢休？

进取的激情可以让我们做到这一切。有欲望的人才会成功，我们要做的就是要把这种欲望转化为熊熊的火焰，让火焰把自己燃烧起来。火热的欲望产生激情，激情造就卓越。

我们往往是在爬坡的时候感到干劲十足，充满激情。当爬上山顶的时候，反而觉得迷茫。所以工作进行到一个阶段的时候，给自己树立新的目标，有了方向、有了动力，自然能保持高涨的工作热情。

长久的工作热情，源于自身的不懈努力。全心全意做好自己的本职工作，工作出色了，有了业绩，自然会产生成就感和优越感，也就有了工作的动力。工作做好了，还会赢得别人的尊重，也能更上一层楼。很多时候，我们需换一个角度去思考，就会对自己的工作充满乐趣。发现工作的乐趣，正是保持工作激情的不二法门。

你对一件事了解得越多，你就会对它越感兴趣。想想看，你对自己没接触过的东西会感兴趣吗？绝对不会，甚至你可能根本也没兴趣去接触它。可是，一旦你对这件事的了解多起来，你就越能发现其中的乐趣。所以，你不妨对自己的工作多做些研究，多思考其中的窍门，这是个很有效的技巧，你会发现你不仅增强了工作的技能，而且更能从工作中感受到乐趣。

热爱自己的工作，说来容易做起来难，关键在于，你要看到你所做的事情的意义和价值。如果你能换一种眼光来看待你的工作，你的感受可能就会发生变化。

没有什么工作是值得轻视的，也没有什么工作是你不能从中感受到乐趣的。能不能从工作中感受到乐趣和激情，这是一种能力，或者说是一种习惯。如果没有养成这种习惯，做什么工作可能都不会踏实。当你养成了这种习惯，在任何工作中你都能发现乐趣。

我们不仅要学会在工作中发现乐趣，更要知道如何保持这种工作的乐趣。

（1）别急于说没兴趣，让我们先来看看你的兴趣究竟在哪里？找到自己感兴趣的工作，加入自己的创意，如果总是处于被动等待的状态就会感到很难受。

（2）暂时放弃跳槽的念头，在目前的环境中提高对职业环境的适应能力。在充分了解自己的个性品质后，着重训练如何在工作中保持稳定的心态。先在这个单位坚持发展下去，在具备了良好的适应能力之后，再做判断，是否需要换个工作。

（3）如果条件允许，转换到最符合自己职业兴趣的工作岗位。找到最能体现自己优势的工作岗位，在工作过程中所体会到的成就感会有助于我们保持较为持续的工作热情。

（4）将自己在工作中的成就与朋友和家人分享。将自己的收获和发现与身边的人分享，得到大家相应的反馈，然后反作用于实际的工作，将会大大提高我们的工作热情。

我们不仅需要选择符合兴趣的工作，还要能够承受工作中自己不喜欢的地方。学会如何与工作相处，如何与自己相处，可以让我们的心情转换，保持长久的工作热情。

2.女人的幸福要靠事业来保障

社会在不断向前发展，男女应该是相互协作而平等的关系。女人也要有自己的事业，在追求事业的过程中体会到自我价值的实现。

有事业心、经济独立的女人，在丈夫、孩子和家人与朋友面前才抬得起头来，因为有了足够的经济能力，生命才能有活力，才能实现自己的梦想。女性争取经济独立的目的，其实不是为争取主权，而是不想成为别人的累赘。

女人不要将一生的经济需求都依赖在别人身上。现实生活中，有很多将一生的希望都寄托在老公和孩子身上的女人。男人这张饭票并不保险，既会过期，也会作废。婚姻绝对不是女人的终生保障！

更可怕的是，年轻时夫妻双双拼下价值不菲的财产，但当女人为了孩子选择回归家庭，牺牲自己的事业，当女人开始变成黄脸婆时，男人就想独霸家产，抛弃这个与他同甘共苦的女人。作为女人，除了谴责男人的狼心狗肺之外，是否应该仔细思考一下，是不是过于相信男人这张饭票了呢？当这张饭票作废时，对没有事业、经济不能独立的女人来说，就意味着一切从头再来。

女人要思考很多问题，你要想想你还可以年轻多久？如果有一天发生意外，你是否有能力自给自足？如果有一天你必须凭自己的能力过日子，你能否开创自己的事业将生活过好？

女人要拥有自己的事业，这不是一句口号，而是为了自己可以洒脱地生活。

漂亮开朗的孙慧玲刚遭遇了一段情感挫折，她感叹道："女人应该保持个体的独立性，不应该为了爱一个男人而舍弃事业！这几年，我把太多的精力放在爱情上了，现在，我已醒悟了……"

孙慧玲为了心爱的男友放弃了自己的事业，一心一意地居家过日子，可是时间久了，男友却嫌弃她生活没有激情，最终分手。分手后有一个月时间，孙慧玲淹没在痛苦里，她想不通为什么自己为他付出了那么多，为了照顾他连工作都辞了，他却这样忍心抛弃自己。对孙慧玲来说，这简直就是一场噩梦，她将自己的一切都寄托在了这个男人身上。一个月后，她才从伤痛中走出来，并开始反思这段情感经历。

最后，她发现问题主要在于，她把自己定位成了一个居家的小女人，把自己的一切都维系在那个男人身上，丧失了事业心。四年前，那个男人是一个没有工作、不名一文的穷小子，可是四年后，他在事业上已经有了很大的进展，而她却还是原来的样子。俗话说：没有进步就等于退步。所以，他们之间就产生了距离。

女人如果没有自己的事业，就会特别依赖男人，将男人看作自己生活中的全部，一旦发生变故，就会陷入绝境。所以，女人应该保持自己的独立性，应该有自己的事业！

3.把公司的事当成自己的事

美国钢铁大王卡内基曾说："无论在什么地方工作，都不应把自己只当作公司的一名员工——而应该把自己当成公司的老板。"

就一般情况而言，老板与员工最大的区别就是：老板把公司的事情当作自己的事情，员工则喜欢把公司的事情当作老板的事情。

在这两种不同心态的驱使下，他们工作的方式不可同日而语。老板不用说，任何关于公司利益的事情他都会去做。但是员工在公司里却往往只做那些分配给他们的事情，对于其他职责外的工作，他们会很自然地用"那不是我的工作""我不负责这方面的事情"来推托。如此，在公司上班的8小时之内他们为公司工作，下班之后就完全与公司没有任何关系了。

在任何一家公司中，这样的人都不在少数，他们在脑海里把公司和自己分得很开，除非被领导重用，否则他们很难把自己看成公司里一个重要的组成部分。因此，这些人也一定融入不了公司，更成不了公司优秀的员工。

利尔在一家快速消费品公司已经工作了两年，一直是不温不火的状态，待遇不高，但也还过得去，用他的话讲就是："这工作不用人操多少心，薪水也马马虎虎过得去。"但在最近和一些老朋友交流过程中，他发现大家都发展得不错，好像都比自己好，这使得他开始对自己目前的状态不满意了，考虑怎么和老板提加薪或者找准机会跳槽。

终于，他找了一次单独和老板喝茶的机会，开门见山地向老板提出了加薪的要求。老板笑了笑，并没有理会。于是，他对工作再也打不起精神来，开始敷衍应付起来。一个月后，老板把他的工作移交给其他员工，大概是准备"清理门户"了。他赶紧知趣地递交了辞呈。

可令他始料未及的是，接下来的几个月里，他并没有找到更好的工作，招聘单位开出的待遇甚至比原来的还差了。

今天工作不努力，明天努力找工作。利尔的经历是对这句话最好的印证。

戴尔·卡耐基说："仅仅'喜爱'自己的公司和行业是远远

不够的，必须每天的每一分钟都沉迷于此。"一个以老板心态对待自己工作的人，无论自己的职位如何卑微，所从事的工作如何微不足道，都会以超强的热情和敬业的态度捍卫公司的荣誉。

日本的著名企业家井植薰说："对于一般的职工，我仅要求他们工作8小时。也就是说，只要在上班时间内考虑工作就可以了。对他们来说，下班之后跨出公司大门，爱干什么就可以干什么。但是，我又说，如果你只满足于这样的生活，思想上没有想干16小时或者更多的念头，那么你这一辈子可能永远只能是一个一般的职工。否则，你就应当自觉地在上班以外的时间多想想工作，多想想公司。"

微软总裁比尔·盖茨在被问及他心目中的最佳员工是什么样时，他也强调了这样一条：一个优秀的员工应该对自己的工作满怀热情，当他对客户介绍本公司的产品时，应该有一种"传教士传道般的狂热"。一个只有把自己的本职工作当成一门事业来做的人才可能有这种热情，而这种热情正是驱使一个人去获得成就的最重要的因素。

所有的老板都一样，他们都不会青睐那些只是每天8小时在公司得过且过的员工，他们渴望的是那些能够真正把公司的事情当作自己的事情来做的员工，因为这样的职工任何时候都敢做敢当，而且能够为公司积极地出谋划策。一个员工，如果你真正热爱公司的话，你就应该把公司的事情当成自己的事情。

　　什么样的心态将决定我们过什么样的生活。当你具备了老板的心态，你就会去考虑企业的成长，就会去考虑企业的明天，就会感觉到企业的事情就是自己的事情，就知道什么是自己应该去做的、什么是自己不应该去做的，就会像老板一样去思考，就会像老板一样去行动。

　　假设一下，如果你是老板，你对自己今天所做的工作完全满意吗？别人对你的看法也许并不重要，真正重要的是你对自己的看法。回顾一天的工作，扪心自问一下："我是否付出了全部的精力和智慧？"

　　把公司的事当成自己的事来做，你就会成为一个值得信赖的人，一个老板乐于雇用的人，一个可能成为老板得力助手的人，一个和老板一样的人。

4.了解职场游戏规则

职场之中人人都渴望成功，期待能在职场上不断得以提升。而且女人可能都有这样的心理："老板不重视我，我的能力没有发挥的余地。"其实，不是老板不重视你，而是你的能力和经验还没有提升到相应的档次。提升的机会并不会从天而降，只有通过不断努力和学习，提升自己的能力，才有可能获得升职的机会，换言之，升职从你的升值开始。先提高自身能力，才有晋升的资本，才能做职场的强者。

所谓升值就是价值的提升，它包含一个人知识和能力两方面的提升。对女人来说，升值包括个人文化知识、工作经验、工作能力等各方面的提升，需要你在工作中不断积累宝贵经验，吸取教训，提高自己的知识文化素质，锻炼自己在工作中的决策、执行和应变等综合能力。升值也是一个使人成长为更加成熟和完善的职业人士的过程。因此，升职与升值有着相当紧密的联系，当你获得很好的升值时，才有可能获得老板给你的升职机会。所以，女人，想成为职场的强者就要放弃靠姿色的念头，要不断提升自己的能力。

俗话说"一分价钱一分货"，女人要增加自己的价值而非提高价格。激烈竞争的商业社会，商家纷纷推出折扣优惠的活动，试图刺激消费。商场超市习惯降价促销，不是什么新鲜事，多年来很多消费者已经养成"非打折不掏腰包"的习惯。从消费者的眼光来看，衣服饰品或日用百货，是在决定打折之前就已经生产的东西，以折扣促销，比较能够取信消费者。但是，便宜没好货的印象也会影响消费者的购买欲望。

其实，真正影响人购买心态的是价值，而非价格。

什么是价值，价值就是获得的效益和付出的成本的比值。当商家降价时，消费者付出的成本降低，价值理应随之提高。但是，有一点要注意，倘若消费者认为商家在打折期间有偷工减料的嫌疑，他所获的效益也会随之递减。最后所认同的价值，非但没有提高，反而可能降低，甚至贬低了他对品牌的印象，反而得不偿失。

我们应致力于"价值"的提升，尤其是"心理价值"的认同，而不是"交易价格"的降低。如果决定采取降价的策略，必须尽力让消费者在"获得的效益"上维持没有打折前的满意度。换句话说，"便宜"还不够，必须要做到"性价比最高"，这样做到真正的实惠，可以打动消费者。

女人要明白，在应聘市场上，你不是把薪水开低一点，就会比其他应征的人多一点录取的机会，而是要把你的价值提高很多，这才会真正打动老板的心。

比如，你愿意主动加班，而且在同一时间内，一个人做两个人的事，有双倍的生产力，在就业的市场上，你的竞争力就非同一般了，根本不愁找不到工作。

所以，内在的价值一定要够水准，才能够卖出一个好价钱。努力提高自己的能力，肯于吃苦，一专多能，多技在手，就会大大提升自己的价值。让老板觉得用得其所，物超所值。

美国的一项调查显示：半数以上的劳动技能在短短3～5年内就会因为赶不上时代发展而变得无用，而在以前，这种技能的折旧期限长达7～14年。所以高薪者若不学习，无需5年就会再次变成低薪者。

很多女人在20多岁的时候，人们就不停地告诉她们——"花无百日红"，女人的美是短暂的，所以一定要在最美的时刻找个好男人把自己嫁掉。其实她们不明白，女人，最重要的财富并非她的姿色，而是她的能力。只要她的能力随着她的年龄一同增长，她的魅力非但不会贬值，反而会不断增值。

一个女人要成为快乐的女人、成功的女人，就必须懂得使自己成为一个可持续发展的女人，成为一个有高能力的女人。女人因能力而美丽，因能力而快乐。我们可以活到很老，依然很有魅力；我们可以接受皱纹，但必须每一根皱纹都与魅力有关。

女人要增强自己的能力，就需要不断地学习知识，给自己充电。

王娜大学毕业后，就进入了一所高中教学。在这个岗位上，她一干就是二十几年，获得了很多的荣誉称号。可以说，作为一名教师所有的荣誉，她早已有了。

可是，年近50岁的她，最近又拜正在上大学的儿子为师，学起电脑来了。

王娜的老同事肖老师劝她："老王，都几十岁的人了，眼睛也不顶用了，手打字也不像年轻人那样灵活，干吗还给自己找罪受去学电脑呢？"

王老师却反过来劝肖老师："老肖，你也应该学学，这东西很管用呢。前几天，我儿子教我做了一个课件，比起我们以前的板书方便多了。"

肖老师笑着说："得了，我才不想受这份罪呢！"

不久，学校响应信息化教学改革，举办了一场别开生面的

"课件大比拼"，出乎所有老师的意外，夺得冠军的居然是年过半百的王老师。在以后的日子里，许多在电子时代成长起来的年轻老师，遇到制作电子课件的问题，也要过来虚心地请教王老师。

王老师经常跟她那些老同事说："学电脑什么时候都不晚，即使不用它来做电子课件，也可以跟年轻人在网上聊聊天嘛！"很多学生都非常喜欢王老师。因为无论从思想到心态，还是外表打扮，王老师处处洋溢着亮丽的色彩，大家都愿意跟她聊天。

在竞争激烈的职场上，一纸文凭的有效期是多久？当你必须向别人出示你尘封已久的证书时，是否会怯场，感到没有底气？在学历飞速"贬值"的今天，找到工作就一劳永逸的体制已成为历史，如果你想单靠原有的文凭在职场立足，几乎不可能。

一项调查显示，30～40岁的职业女性中，近三成出现身心疲惫、烦躁失眠等亚健康状态。主要表现为：对前途以及"钱"途开始担心，担心会被社会淘汰；对自己所从事的工作开始产生一种依恋，不再像年轻时候那样无所谓，同时又有一种危机感，甚至开始对老板察言观色；身体经常感到疲劳，休息也于事无补。在调查中，想转换职业或行业，寻求一个压力较小、相对安稳的工作是大多数被访者的心态，46%的被访者选择此项；再苦干几年，回家做全职太太也是选择人数较多的一项，有31%的被访者选择；只有23%的被访者表示会去充电。

女人如果想在职场站稳脚跟，一定不能错过充电提升课。

在今天这个竞争激烈的职场生存环境中，很难"爱一行干一行"，我们所能做的就是"干一行爱一行"，尽量将谋生和理想达到和谐的统一，否则，眼高手低，会耽误了一生。

郭晶并不太喜欢自己的金融专业，但毕业时没有改行，还是进了一家外资银行。"我觉得自己现在的工作没什么意思，幻想着有一天可以做记者、主持人或者律师，而不是整天面对着不属于自己的金钱。"

郭晶所在外资银行的环境很好，是很多人眼中高收入的理想职业。面对着很多硕士、博士都在竞争一个外资银行的职位，郭晶才感到自己有必要充电了。如果想在金融这个行业中继续做下去，充电是唯一可行的方法，否则的话就意味着会"贬值"。通过充电，郭晶对本行业也有了更深的了解，渐渐爱上了这一行，不再整天幻想而是踏踏实实工作，做出了出色的业绩。

并不是所有的职业危机都出现在厌职上，就算是自己喜欢的职业，干久了也会出现危险信号。

李博是某服装品牌的销售经理，主管北方区的业务已经有三年时间。在别人都很羡慕她的时候，她却做出了辞职的决定。

当别人诧异地问她原因时，她回答："我感觉我的职业生涯面临着前所未有的停滞状态，总是在做着以前做过的事情，而且以我目前的职位，也很难再在公司有更大的作为了。我已经决定到法国继续读我的服装设计专业，对于今后的工作，我并不担心，选择辞职就是因为有这份自信。"

人在其职业的某个阶段会出现所谓的停滞期，这种情况是一个信号，一旦出现就说明你需要充电了。这时最重要的是摆正自己的心态，树立"没有职业的稳定，只有技能的稳定和更新"的观念，把职业过程变成一个无止境的学习和提高的过程。

在IT行业工作近5年的李蕾坦言："我一直都处在一种与最新科技知识赛跑的状态。信息时代的知识呈膨胀性扩展趋势，刚刚掌握的资讯，也许过两天就已经过时了，如果不及时更新知识，很容易被淘汰。"这种经常出现在工作中的"不明飞行物"让李蕾非常紧张和茫然。

李蕾自己掏腰包参加了几期美国专家举办的IT行业培训，虽然花费很高，可学习下来，感觉心里踏实，而那些以前经常光临的"不明飞行物"也消失了。

工作中如果遇到"不明飞行物"，就意味着你的知识落伍了。在职充电是防止"人才贬值"的一种好方法，要让自己"不贬值"，那就需要不断地"充电"。

现代社会急缺复合型人才。"单一型人才"如何使自己成为

"复合型人才"？实施技能储备，使价值"保鲜"是关键。充电时也要注意与原有技能相关，这样才能在原有基础上扩大就业范围。

薛佳在一家国际航运公司里为英国籍首席代表做秘书时，接触到一些国内外大的企业咨询机构。她说："我的专业是英语，除了能像外国人那样正常地说英语外，今天看来并没有任何特长可言。在这家航运公司工作了两年之后，我终于申请了美国哥伦比亚大学的MBA，我想学成之后可以到一家跨国咨询公司里去工作，为企业的经营者们提供全方位的解决方案。当然，这是有代价的，从一个传统行业跳到一个新兴的朝阳产业里，唯一能够达成目的的做法就是充电。"

本土企业的国际化及国际企业的本土化，使那些具有"一专多能"——精通一门外语、通晓国际商务规则的外向型人才备受青睐。所以，及时充电借以增加事业打拼的资本，必须同自身职业生涯的规划紧密地联系起来，达到学以致用。

"生命不止，学习不止。"在这个知识经济的年代，充电已经成为现实需要，尤其是在经济不景气的当下职场上，不管你是想待在原地，还是逆势向上攀登，或者另起炉灶玩跨界，充电已经演变为职业生涯不可或缺的安全垫。还等什么，行动吧！

另外，为了更顺利地适应自己的工作岗位，20多岁的女人越来越需要进行充电以便补充相应的能力。为了更好地实现自己的目标，下面的这些"秘籍"或许对你很有帮助。

（1）读一个培训班的花费从几百元到几千元不等，看你报的科目以及培训时间的长短。报名前先做好经济开支的计划。

（2）选办班口碑比较好的学校，以免进个名不副实的培训班，辛苦几个月收获不大。

（3）依据个人时间安排、个人在本领域的起点以及需要达到的水平，选择适合自己的培训班来读，切不可好高骛远，最后白白浪费金钱。

（4）不妨多拿些证书。能力再强，总需要证明，这时一纸证书往往会帮上你的忙。

（5）充电是业余时间，给繁忙的生活又加了码，要注意在学习之余好好休息，尽量不要选择离住处太远的学校，免得跑路太辛苦。要知道健康是一切之本。

5.对曾经的苦难心怀感恩

真正想成功的人，不会老是怨天尤人，埋怨运气不佳，他会检讨自己，心怀感恩，再接再厉。他们的成功有着深厚的基础，就算风急雨狂、地动山摇，也不会倾倒。

提起中国民办教育家，人们都会想到新东方教育科技集团CEO俞敏洪。《时代周刊》称俞敏洪是一个"偶像级的，就像小熊维尼或米奇之于迪士尼"式的人物，其主要原因是：俞敏洪拥有"留学教父""中国最富有的老师"等多个头衔，他创办的"新东方"是中国目前最大的英语培训机构，中国70%的留学生都出自这里，很多国际金融机构里都有他的学生。

新东方的事业，确切地说，是被"踹"出来的。多年后，俞敏洪谈起新东方的起源，对"踹"了他一脚的北京大学充满感激。

"北大是我最喜欢的地方，北大改变了我的命运。如果我没有经历在北大的挫折和自卑，我今天就不会有这么稳定的自信状态。如果不是北大的文化氛围，也没有我今天的这种理念，也不会成功创建新东方。所以，走过了风风雨雨，北大对我来说意味着我的精神生命，非常重要。"

1990年秋天的一个傍晚，俞敏洪正在宿舍里和朋友一起喝酒，这时，学校的高音喇叭开始广播一条针对某位英语系老师的处分，理由是该名老师打着学校的名义私自办学，影响了学校的教学秩序。这是北大建校以来第一次公开点名批评学校老师，仔细一听，这名被处分的老师竟然是俞敏洪。

20世纪90年代，正是出国留学潮最热火的时候，俞敏洪周遭的同事、昔日的好友都出国留学去了。俞敏洪也想出国，可是出国需要一大笔费用，虽然美国的一所大学已经答应给他提供3/4的奖学金，但这也意味着他必须自己筹备剩余的1/4的学费，这可是相当于4万多元人民币，按照他当时120元的月薪来计算，不吃不喝都要10年才能攒足。俞敏洪不得不另想他法。由于他本人也经历过TOFFL（托福）考试，深知社会上TOFFL英语培训这块市场需求大，于是他想出了一个办法，就是在学校外办TOFFL班，赚取出国所需的费用。

在留学潮最热的那几年，很多高校的老师纷纷出国留学，有的人学费不够，就在学校外兼课，或者办补习班，这种情形在当时相当普遍，自然引起了校方和社会上一些人士的极度反感。北大对俞敏洪的处分，由于是出于一种"杀鸡儆猴"的目的，不可谓不重，除了高音喇叭通报批评外，还在北大有线电视上连播了好几天，同时处分布告也贴到了北大著名的"三角地"宣传栏里。北大对俞敏洪的这一"踹"，将俞敏洪作为一个知识分子的颜面毫不留情地击碎在地。

事实上，北大曾有这样一条规定：对老师的处分不对外公开。因为考虑到老师要给学生上课，要树立起师道尊严。但是，到了俞敏洪这里却顾不上这点，可见北大对学校老师在校外兼职办班是多么敏感和反感，以至于不惜牺牲掉一个老师的面子，甚至是他的教学生命。

对俞敏洪来说，在这次处分前，他一直都很普通，而这次他终于在北大校园一举成名，靠的却是这种方式。时隔多年，俞敏洪再提到这段被"踹"的往事时，语气中仍然充满着苦涩意味，可以想象当时当地，他心中那股不能倾诉不通宣泄的怨气有多深重。

16年后又一个秋天，新东方在世界上最大的证券交易市场——美国纽约证券交易所上市，俞敏洪的身价大增，成为华尔街新宠，有评论界人士将这次出名与16年前那一场出名相比，说他是从一种黑色的出名走向了一种光明正大的出名，说他作为一个商人、一个企业家的价值其实是从他走出北大校门办英语培训班开始得以展现。

人们无从知道这些赞誉在俞敏洪的心里搅起了什么样的浪花，但是有一点可以肯定，已经成为"中国最富有的老师"的俞敏洪其实并不关心他财富的增或减，他甚至并不关心每天的股值的长落，而10多年前的那场"处分风波"也随着时过境迁，在他的心中碾磨出了另外一份不同的感悟。

"北大'踹'了我一脚。当时我充满了怨恨，现在则充满了感激。因为如果一直混下去，我现在可能只是北大英语系的一个副教授。"

在回顾新东方创办历程时，俞敏洪也将北大对自己的影响归结为新东方之所以能获得成功的重要原因之一。

"我（在北大）学到的东西要比英语多得多。而这些东西，不是从某个人或某个老师身上学到的，而是在北大的氛围里面能够感染到、感知到的。在北大的6年教书历练，使我锻炼出了自己的教学模式和教学理念，养成了我跟学生良好的交流习惯，使我懂得了中国大学生到底在想什么。这也是新东方成功的保证。

"我对北大的感情是非常深刻的，坦率地说，没有北大就没有新东方，原因是现在新东方的一些精神，或者是一些做事的方法，坦率地融入了北大的精神。"

或许，俞敏洪之所以能够坦然地面对当年的"处分风波"，是因为他终于明白，生命中的每件事或人，都可能给我们一个清理能量、推进自己、向更高更远处提升的机会。如果不是因为北大的处分，俞敏洪也不可能愤而辞职，不可能将错就错，创办起一个对中国学生乃至中国教育影响深远的新东方学校。

正如罗曼·罗兰所说："只有把抱怨别人和环境的心情，化为上进的力量，才是成功的保证。"

的确，你只有感谢曾经折磨过自己的人或事，才能体会出那实际上短暂而有风险的生命意义；你只有懂得宽容自己不可能宽容的人，才能看见自己心中的远阔，才能重新认识自己……

6.在家庭与事业间游刃有余

导演伊万·麦格雷戈在那部经典电影《猜火车》的开头，边逃跑边念叨着："选择生命、选择工作、选择终身职业、选择家庭、选择大电视、选择洗衣机、选择汽车、选择CD机、选择低胆固醇和牙医保险、选择楼宇按揭……我为什么要这样？！"

你到底要什么？在内心深处你曾经问过自己吗？如果问过，你满意自己的回答吗？现代人面临最大的问题，是要克服心灵深处的混乱，追求内心平静的境地。每个人都想拥有平衡的生活，但是在繁忙的现代社会中，工作常常占据了生活太多的空间，有各种各样的问题困扰着我们。我们为了保持"平衡"而筋疲力尽，却仍旧不得要领。在各方面的压力之下，往往导致"两败俱伤"。

在实际生活中，家庭与事业确实是一对矛盾。处理得好，事业会取得成效，家庭会获得幸福康乐。处理得不好，就会顾此失彼，造成不和睦，家庭与事业是一个整体。家庭幸福了就有时间花在工作上，才能有效地提升工作效率，为企业创造经济效益和社会效益。可能很多出色的男人都会说事业重要，真的是这样吗？要知道，一个人可以没有事业，但不能没有家庭。

没有一个稳固幸福的家，任何所谓的成功都没有意义。如果没有一个稳定幸福的家，你只能越成功就越失落，越空虚，越容易迷失自己。一个人，只有你拥有一个幸福和睦的家庭，你才能充分享受成功的喜悦和快乐，才会充分感受到生活的美好，才能充分感受到窗外的阳光是那么灿烂。当你驾驭着事业时候，也要同时经营着自己的生活，两者的圆满匹配才是人生真正的幸福。

有一个和谐温馨的家庭做后盾，这样才能保证自己有旺盛的精力和足够的体能，这样更有利于你从容地应对摆在自己面前的大小事务，可持续性地实现你设定的职业生涯目标。

不需要每天第一个来最后一个走来表现工作积极，实际上，经常超时工作是工作能力不强的表现。仅仅作为谋生手段的工作是不快乐的，发挥智能和实现生命价值的工作才是快乐的。当工作和生活能互相平衡时，它们往往能相互促进，提升工作和生活的整体效率和质量。工作和生活是我们每个人人生中最重要的两件事，两者相辅相成，又互相作用。良好的生活状态是工作效率的保证，是工作出成效的前提；而稳定的工作同样是良好生活的保障。

热爱工作没有错，但是在工作压力越来越大的今天，千万不要让工作完全支配了我们的时间，均衡是很重要的。有时候，来自各方面的压力让我们不得不过多地顾及了工作而忽略了家庭生活。这种暂时性的失衡是难免的，但必须提防，不要让它演变成习惯。

如果你真的下定决心要提高自己后半辈子的生活质量，首要的任务是弄清楚工作和生活的真正目的。有的人把工作和生活截然分开，必然会出现工作和生活的绝对独立。事实上，工作和生活是一个人最重要的两件事，两者相辅相成，互相作用。

人的生命价值用什么来度量？工作的业绩、丰厚的薪金、豪华的别墅、高级的轿车，这些已成为现代人不惜一切代价努力追求的目标。然而，生命的意义，对于每个人都是不同的。究竟是令人羡慕的工作重要，还是拥有一个幸福美满的生活重要？孰是孰非，不是简单一句话能回答的，你要在心里放一个跷跷板，保持内心的平衡，才能保持工作与生活的平衡。

懂得把握平衡原则的人在多么紧张工作的情况下，都知道该怎样调节自己的生活节奏和工作状态，怎么体味生活中的情调和趣味，保持一种从容和风度。态度决定一切，内心因素决定外在表现，始终保持一颗平常心、平衡心，能够使事业蒸蒸日上，也能让生活快快乐乐。

再者，要为自己的工作与生活建立一个支持系统，应力求使我们周遭的家人、亲友也能分享个中关系，不仅让我们内在与外在保持平衡，工作与生活保持平衡，还要让我们的生活环境以及工作环境充满和谐。

Lesson 8
婚姻里永不枯萎的蔷薇

此生我最该感谢的事情是上帝让我找到了她做我的妻子。我的家庭之所以温馨、和美，都是她的功劳。

——卡耐基

1.爱情，一半海水，一半火焰

有人曾说，爱情一半是火焰，一半是海水。他的意思是，这东西一旦被点燃了，就会让人飞蛾扑火，奋不顾身，还会像牛饮海水那样永不解渴。世间陷入爱情之中的人在其间患得患失，人们在进退之间都会充满悲喜与怨恨的情感。有的最终形同路人，有的却通过努力修成了正果，进入这个或是围城或是天堂的婚姻。

古语说：百年修得同船渡，千年修得共枕眠，但百年和千年的缘分苦修有时也难挡尘世间的种种诱惑。爱情的酸甜苦辣，只有观者自悟了。

从我们诞生起，亲情、恋爱、婚姻、友情等，就伴随着我们的一生。即使是我们看到的在事业上成功的人，当他们谈到自己的婚姻、爱情时，也会或多或少感慨不已，有的苦不堪言，有的欲说还止。对于现代人类情感的这些问题，有一个情感心理专家曾严谨地说，在这个时代，人们最需要学习培养与珍惜情感的课程。

人们对是否将恋爱与婚姻分离开这个问题的争论已经很久了。一些观点认为：爱情是男女的相互关爱，而婚姻却是伴侣间的相互关照。于是就有了以下的论调：和爱自己的人组织婚姻，与自己爱的人恋爱。

在这些人看来，恋爱是人与人之间情感交流中的最充分的舒展。人在这个没有固定模式的爱情中变得自由没有约束，他们相互欣赏、融合，体验着最痛苦与最快乐的生命幸福的感受；而婚姻呢，却是伴侣间的一种相互制约的关系，它里面充满了冰冷的理智与相互算计的成分，虽被法律保护，但它是人感情的冷藏库，有时会使伴侣间的情感变得冷酷。

很多的现实原因让人们把婚姻比作监狱，从而厌恶它、远离它。因此，现实生活中有不少人毅然选择了终生独处。虽然令人痛苦的婚姻我们随处可见，可我们不能简单草率地得出婚姻是爱情的坟墓这一结论。因为爱情与婚姻一样，都是需要人们倾注更多的时间与精力来经营的。在我们知道爱情美好的同时，我们也应该清醒地明白，婚姻意味着伴侣之间担负起责任，不能因为追求甜蜜的快乐而去逃避自己应尽的责任。

有时候，这生活真的像一场精彩的戏剧，有悲剧也有喜剧，直到你遇到那个对的人时，你的剧情才能happy ending。

若是我们都把婚姻与爱情当成一种事业来奋斗，那么我们将会发现，有爱情的婚姻同样会让人的一生美好。

2.脆弱，不应该是女人的名字

眼泪，是女人的特权，女人的风情，女人的快乐，女人的天赋。女人对眼泪无师自通，女人的眼泪不请自来。在这个愈加荒芜的世界里，女人的泪水是永不遗失的美好。

女人多愁善感，她们总是怀着太多风花雪月的浪漫情愫，她们总是发出太多往事如烟的无端慨叹。女人总是用自己的细致让这个世界变得精致和多情，同时也是因为这种细致，遭受了更多心灵上的伤害和打击。因为敏感，微微的伤害就能刺痛她们柔软的心灵，流下晶莹的泪水。但凡是女人，没有不哭泣的，即便是那些表面坚强的女人也免不了躲起来偷偷哭上一把。

也许女人的眼泪，根本就是女人之所以成为女人的基本要素之一，伤心可能并不是唯一的理由，有可能还会是高兴，是为了爱，是出于恨，甚至也许只是一种姿态或心情。

姑娘，你要内心强大

对女人自己来说，眼泪可是心灵的净化剂，泪水会把她心中的委屈和不安带走，只留下清洁和平静。伤心的时候，聪明的女人不会刻意去压抑自己的泪腺，哭个悲痛欲绝，哭个昏天暗地、日月无光。停下来后，会发现痛苦忧伤减轻了不少，当蒙眬泪眼再次明亮时，她就差不多可以从苦难中抽身而退了。这样的眼泪就像是一碗心灵鸡汤，可以让女人在受到挫折和伤害时自我疗伤；也像是一股清澈的山泉，洗涤痛苦的灵魂，还给女人以自然之美。

女人的眼泪冰清玉洁、晶莹剔透，是这世界上最珍贵的礼物。阿拉伯人有一则妙喻：天使的眼泪，落入了张壳赏月的牡蛎体内，就变成了珍珠；当它掉不进蚌壳里而是掉进男人的怀里时，不仅会打湿他的襟袖，更能浸润他的心。

女人的眼泪可以说妙用无穷，既是传情达意的最好工具，又是发泄情绪的最好渠道，还是争取利益的最好武器。它可以是恳求，可以是要挟，可以是进攻，可以是撤退，可以是痛恨，可以是关怀，一切依照女人的心情而定。

据不完全统计，女人的眼泪有N种之多，有真哭，有假哭；有痛哭，有小哭；有伤心的哭，有幸福的哭。林林总总，不计其数。

一曰惊天动地型。哭起来有如雷鸣，眼泪如同黄河之水，滔滔不绝。直哭得天昏地暗，天翻地覆，叫人心惊胆战，惶惶不可终日。

二曰肝肠寸断型。哭起来声似小提琴，抑扬顿挫，婉转起伏，眼泪如断线珍珠，断断续续，时有时无，叫人心慌意乱，不知如何是好。

三曰欲哭无泪型。哭起来声音几不可闻，只见鼻翼翕动，眼帘下垂，睫毛抖动，贝齿扣唇，眼泪每一颗都大得能砸死人，但却只是在眼圈里、睫毛上耍杂技，左转右转，就是不下来，叫人六神无主，不知所措。

四曰晴天下雨型。本来是晴空万里，突然就泪流满面，不知雨从何来。开始也许是一颗两颗，后来就可能发展成如前所述的任何一种——那就要看你的造化和运气了，叫你忽冷忽热，手足无措。

聪明的女人知道如何善用眼泪，它同核武器一般，威慑的效果超过使用的力量。女人只消将眼圈一红，发出流泪的信息，男人的心即刻软了。倘若他无动于衷，真的流出眼泪来也无济于事。核武器一旦动用，天毁地灭，不可挽回；眼泪一旦使用，再升级为"一哭二闹三上吊"，愁云惨雾，也是不可收拾。因此，眼泪是聪明女人的武器，但又不是唯一的武器，她总是能把它用得恰到好处，从不吝啬，也绝对不会挥霍。

女人在老公面前流泪，从本质上说还是向他撒娇邀宠。——真是让女人失望透顶的男人，谁耐烦在他面前哭？

有一个网站做调查，让男人们从《红楼梦》里选个女子做太太，结果大部分人都选了温柔大度的薛宝钗和娇憨爽朗的史湘云，主角林黛玉倒落了下风。林妹妹的眼泪，有审美价值，可远观而不可近距离接触。这类调查虽有些玩笑性质，倒给天下的女人们提了个醒："娇花照水，弱柳扶风"的美女加才女的泪水，男人们都要回避，寻常的女子，还是别做那种多愁善感的泪美人。

在生活中，女人的眼泪冲垮了生活的事情，也并不少见。

周小蓝是个纯情的女孩，从小就爱掉眼泪。好在有父母庇护着，不经风，不见雨，上学、工作、结婚，一切都顺顺当当的。

建立了自己的小家庭后，小蓝的纯情固然让老公感动，她的敏感也成了老公的负担。一句话没说好就哭天抹泪，一个语气不对头就成了伤害的见证。蜜月还没过，就因老公对"我和你妈掉到河里你先救谁"的回答不满意，小蓝当即号啕大哭，不管老公怎么解释，她也不再相信老公的爱情。

就这样，阴沉沉的蜜月过后，小蓝失望到了极点，觉得婚姻太没有意义了，不但对老公爱答不理，连共同生活的兴趣也不再有。

浪漫和要求完美是女人的通病。虽不能说女人的浪漫和完美全是虚无，但若你只有浪漫和完美的追求，没有付诸实现的努力，空无的浪漫只能扩大你和生活的距离，想象的完美也会让你变得更挑剔。很多时候女人在感情上的失望正是过分敏感的恶果，敏感本不是坏事，但敏感也要有度，一旦过了应有的度数，敏感不但容易无事生非，女人自己也容易落入自哀自怜的情绪之中。谁做了这样的女人的老公，天天没有安乐之福，却有烦忧之罪，曾经再爱她的男人，也不可能一直忍下去。

婚姻里的女人，脚踏实地是最要紧的。即使流眼泪，心里也还要保持三分清醒，流泪绝不能流得太离谱了。

女人流泪最好选择合适的时间、合适的地点，这样会达到预想不到的效果。比如在男人心平气和，悠闲看报纸的时候哭。老公正在沙发上看报纸，老婆却非要和老公说些柴米油盐的话，老公被老婆搅烦了，无心地说了几句。老婆就扁扁嘴角，躲进厨房去掉眼泪了。老公便会丢下手中的报纸起身，到厨房里安慰老婆，并替老婆刷锅洗碗，时不时地偷眼看看老婆。

还有就是在老公特别高兴的日子哭。那天阳光灿烂，老公神气活现，老婆却委屈兮兮地低声啜泣，因为老公的粗心、老公的疏忽、老公的种种不可饶恕的小错误，老婆哭得像个泪人儿。老公看着老婆一脸的泪水，一定怜心顿起，仿佛看到了一个找不到妈妈的小女孩，一把将她抱在怀里，补偿平日欠下的所有情债。

接受女人的眼泪，男人是一种享受，因为男人找到了属于自己的真爱，虽然他承诺，他爱她，他会保护她，他不会让她流眼泪。但是如果这泪是为他而流，男人的心中便会多出几分温暖与满足。女人在老公面前流眼泪，表达的是爱，带给男人的是感动。若是因为失望、抱怨、发泄而眼泪不干，也许会让老公自责没有带给你想要的生活，然后呢？这种压抑会让他和你疏远。

3.感谢你，陪我走了这么远

"此生我最该感谢的事情是上帝让我找到了她做我的妻子。我的家庭之所以温馨、和美，都是她的功劳。"卡耐基一直很感谢自己的妻子，感谢她一直陪着他走了那么远的路。

洛杉矶"家庭关系研究会"主任鲍宾诺，他做出这样的表示：

大多数的男士，他们寻求太太时，不是去寻找一个有经验、有才干的女子，而是在找一个长得漂亮，会奉承他的虚荣心，能满足他优越感的女性。所以就有这样一种情形：当一位身为职业经理的未婚女性被男士邀去一起吃饭时，这位女经理在餐桌上很自然地搬出她在最高学府所学到的那些渊博学识。就餐过后，这位女经理会坚持付账单，结果，她以后就是单独一个人用餐了。

反过来讲，一位没有进过高等学府的女打字员被一位男士邀去吃饭时，她会热情地注视着她的男伴，带着一副仰慕的神情说："真的，我太喜欢听了……你再说些关于你自己的事……"

结果呢？这位男士会告诉别人说："她虽然并不十分美丽，可是我从未遇到过比她更会说话的人。"

男士们应该赞赏女人的面部修饰和她们美丽可爱的服装，可是男士们却都忘了。如果他们稍微留意就会知道，女人是多么重视衣着。如果有一对男女在街上遇到了另外一对男女，女人似乎很少注意到对面过来的男人，她们似乎总是习惯地注意对面那个女人是如何打扮的。

数年前，我祖母以98岁高龄去世，在她去世前没多久，我们拿了一张很久以前她自己的相片给她看。她老花的眼睛看不清楚，但她所提出的唯一问题是："那时我穿的是什么样的衣服？"

我们不妨想想，一位卧床不起的高龄老太太，她的记忆力甚至已使她无法辨认自己的女儿，可是她还是想知道，这张老旧的相片上，她穿的是什么衣服。老祖母问出那问题时，我就在她床边，这使我脑海中留下一个很深的印象。

当你们看到这几行字时，男士们，你或许不会记得，五年前你穿的是什么样的外衣，哪种衬衫……其实，男士们也没有丝毫的心思去记它。可是，对女人来说就不一样了。

我曾经摘录下来一篇故事，我相信事实上不可能会发生的，然而其中蕴含着一种真理，所以我要把这个故事再叙述一遍。

这是一个愚蠢而又可笑的故事：有一名农家女子，在一整天劳累的工作结束，快要吃饭的时候，她在那几个男工面前放下一大堆草。那些男工问她，你是不是疯了？那名女子回答说："哦！我怎么会知道你们会注意到这些？我替你们做饭，已经做了20多年，那么长久的时间，我从没有听到一句话，使我知道你们吃的不是草。"

在帝俄时代的莫斯科和圣彼得堡，那些养尊处优的贵族，他们很注重礼貌，似乎已成了那些贵族的一种习惯。当他们吃过一桌可口的饭菜后，一定要请主人把厨师叫来外面餐厅，接受他们的赞美。

为什么不用同样的方法在你太太身上试一试呢？当她把一盘鸡烧得美味可口时，你告诉她，她把这盘菜烧得如何好，使你吃得非常适口。让她知道你懂得欣赏，你并不是在吃草。就像格恩常说的一句话："好好地捧一捧这位小妇人。"

当你这样做时，不要怕让你太太知道，她在你的快乐中占着如何重要的地位。狄斯瑞利是英国一位极富声誉的大政治家，可是，我们已经知道，他绝不认为这件事是种耻辱，因为他知道"我得到我太太帮助的地方很多"。

有一天，我翻看杂志时，看到一份有关好莱坞一位著名电影明星埃迪康特的访问记。上面是这样写的：

"在全世界所有的人中，我太太对我的帮助最多。当我还是个孩子的时候，她就是我一个青梅竹马的伴侣，她引领我，鼓励我勇往直前。

"我们结婚后，她把每一块钱节省下来，投资再投资，替我积累了一笔财产。现在我们有五个可爱的孩子……她永远为我布置着一个可爱、甜蜜的家，我如果有任何的成就，那完全要归功于我的太太。"

在好莱坞，婚姻是一件冒险的事。甚至伦敦的劳兹保险公司也不愿意打这个赌。在少数几对著名的美满婚姻中，巴克斯特夫妇就是其中的一对。巴克斯特夫人过去的名字叫蓓蕾逊，她放弃了极有前途的舞台事业去结婚。她的牺牲，并没有损害到他们的快乐。

巴克斯特这样说：

"她虽然失去了舞台上无数的掌声和赞美。可是现在，我随时随地在她身旁，她随时可以听到我那由衷的赞美。

"如果一个做妻子的想要从丈夫身上获得快乐、欢愉，她可以从他的欣赏和热爱中寻找到。如果那种欣赏和热爱是真诚的，那也是他的快乐所在。"

你明白了吧。

4.夫妻同心，一起吃苦也值得

世间最亲密的关系莫过于夫妻了，通常夫妻之间应当充分信任对方，不乱猜疑。外国有句俗话，叫作"疑来爱则去"，深刻地揭示了猜疑的危害。然而，正因为关系最亲密，也就成了最适合猜疑生长的温床。猜疑一旦产生，就会引发一系列的难以挽回的后果。

著名的文学家莎士比亚，在他的名著《奥赛罗》中就叙述了类似的一个悲剧。

国王的女儿苔丝德蒙娜冲破家庭和社会的阻力，同奥赛罗这样一个出身卑贱、肤色黝黑的将军结了婚。婚后的生活十分美满。然而，奥赛罗部下的一个军官尼亚古出于卑鄙自私的目的，编造谣言，制造陷阱，挑拨他们的夫妻关系，使奥赛罗对忠诚纯洁的妻子产生了猜疑之心，在一个漆黑的夜晚竟用被子将苔丝德蒙娜活活地闷死。后来，奥赛罗知道了事情的真相，追悔莫及，自刎于妻子的脚下。

也许有人认为这是戏剧，现实中不会有奥赛罗这样的蠢蛋。但是，有谁敢保证，自己从来不会做这样的蠢事？

在现实生活中，我们的身边同样也在上演着这样的家庭悲剧。

30岁出头的刘某，看起来非常柔弱。她结婚已经5年了，夫妻二人的关系由当初的浓情蜜意逐渐转为平淡如水。丈夫为了事业在外打拼，她在家里被生活琐事烦扰，因此她不时地会被一些莫名其妙的想象吓到：丈夫常年在外会不会有异心？自己人老珠黄会不会被抛弃？这种"疑虑"时时刻刻困扰着刘某。随着二女儿的出生，刘某越发感觉到丈夫的眼光已经很冷漠，看来自己时刻担心的事迟早会发生，那时候自己该怎么办呢？

三年前，刘某和丈夫在有了第一个女儿后，决定再要一个儿子。因此，面对刘某的第二次怀孕，全家人满怀欣喜，唯独刘某忧心忡忡。刘某认为，自从有了第一个女儿后，丈夫对自己就不满意，为此，刘某整日提心吊胆，害怕丈夫有外遇，甚至怕丈夫为了生儿子和别的女人有染。有了疑心，刘某的行为变得有些诡谲，她常常跟踪丈夫、偷看丈夫的手机、查看丈夫的钱包……妻子的行为引来了丈夫的强烈反感，丈夫不但不解释，反而更加冷落妻子。

　　盼星星盼月亮，刘某终于再次怀孕，她满怀期待可以通过生个儿子改变自己的命运。然而，二女儿的出世，彻底粉碎了刘某的希望。

　　看到丈夫对亲生女儿漠不关心的样子，刘某的疑心更重了。丈夫一个不经意的眼神，她也会认为是对自己的藐视；丈夫晚回来一分钟，她会认为丈夫在和别的女人约会；丈夫多和哪个女人说一句话，她甚至会怀疑丈夫能和人家生儿子……面对妻子不断的猜疑，丈夫只是一忍再忍，甚至以晚回家来逃避。然而，丈夫的做法，更加激怒了刘某。在刘某看来，这就是丈夫有外遇的表现，想到自己将来孤儿寡母，刘某产生强烈的报复念头。今年初，刘某将手中的斧头砍向了熟睡的丈夫以及女儿……

　　办案人员称，刘某的丈夫根本没有抛弃她们"娘仨"的想法，是刘某严重的"疑心病"将全家推向绝路。为刘某做心理鉴定的医生指出，刘某的行为属于一种病态心理，她会因为一点不好的事情，产生很大的恶意理解，从而内心世界充满阴影。而其丈夫，恰恰因为忽视了妻子的心理变化，一味地漠视反而导致妻子走上极端。

　　如果说信任是夫妻之间爱情的基础，那么猜疑便是爱情的蛀虫。如果因丈夫或妻子与异性接触而无端地怀疑对方，甚至发展到监视对方的做法，对夫妻感情和家庭稳定都是有百害而无一利的。

夫妻两个人并不是时时刻刻生活在一起的，各人都有各人的心事和社会活动，如何巩固感情，除了相互进行感情交流，增加互相了解外，就是首先打下互相信任的基础。轻易怀疑对方，势必造成夫妻间的隔阂，以至感情破裂。

猜疑是人性的弱点之一，人一旦掉进猜疑的陷阱，必定处处神经过敏，事事捕风捉影，对他人失去信任，损害正常的夫妻关系，影响个人的身心健康。当发现自己生疑时，不要朝着证明猜疑的方向思考，而应该反问自己：为什么我要这样想？理由何在？如果怀疑是错误的，还有哪几种可能发生的情况？在做出决定前，多问几个为什么更有利于自己冷静思索。要学会找到产生怀疑的原因，学会自我安慰，学会及时沟通，解除疑惑。

首先，我们要学会用理智力量克制冲动情绪的发生。当发现自己开始怀疑对方时，应当立即寻找产生怀疑的原因，在没有形成思维之前，引进正反两方面的信息。比如，看到对方与异性来往，在怀疑对方有外心的同时，更要想一想他们会不会是正常的社交关系？会不会是巧合？抱着这样的心态再去做深入的了解，这样得到的答案才是正确的。

现实生活中许多猜疑，戳穿了是很可笑的，但在戳穿之前，由于猜疑者的头脑被封闭性思路所主宰，却会觉得他的猜疑顺理成章。此时，冷静思考就显得十分必要。

其次，我们要培养自信心。每个人都应当看到自己的长处，培养起自信心，相信自己会与对方处理好关系，会给对方留下良好的印象。这样，当我们充满信心地进行工作和生活时，就不用担心自己的行为，也不会随便对对方产生怀疑心理。

再次，我们要学会自我安慰。两个人生活在一起，难免会产生一些摩擦，这并没有什么值得大惊小怪的。在一些生活细节上不必斤斤计较，可以糊涂些，这样就可以避免自己烦恼。

最后，很重要的一点，双方要及时沟通，解除疑惑。世界上不被误会的人是没有的，关键是我们要有消除误会的能力与办法，如果误会得不到尽快解除，就会发展为猜疑；猜疑不能及时解除，就可能导致不幸。所以如果可能的话，最好与对方开诚布公地谈一谈，以便弄清真相，解除误会。猜疑者生疑之后，冷静地思索是很重要的，但冷静思索后如果疑惑依然存在，那就该通过适当方式，同对方进行推心置腹的交心。若是误会，可以及时消除；若是看法不同，通过谈心，了解对方的想法，也很有好处；若真的证实了猜疑并非无端，那么，心平气和地讨论，也有可能使事情解决在冲突之前。

5.除了爱情，还有很多值得付出

婚姻中也需保留点儿个人空间，不要容忍被各种方式变相"监控"。

有种说法是，男人为什么不愿意带自己的老婆去参加朋友聚会呢？原因在于不想让她接近朋友的老婆。婚后的女人在一起讨论得最多的就是婚姻经验，什么"防小三儿秘籍"，雇用私家侦探跟踪老公，在老公的袖口上装针孔监视器，这些事儿都是在这种聚会上相互为对方出的招儿。

之前有过一个离婚案例，双方感情并未破裂，恰恰相反，是因为爱得过深离了婚。为什么呢？原因是双方都太爱对方，总想把对方牢牢地拴在自己的视线里，再加上两人都有较强的猜疑心理，最终因为夫妻之间相互捆绑得太紧，以致感情窒息而亡。

夫妻之间的相处，有时就跟吃饭一样，别吃得太撑，给胃里留点儿空间，你也舒服，胃也舒服，顿顿吃撑，胃落下病，你也不好受。这里面就包含一个度的问题。女人应该学会把握婚姻关系中的距离，有度才有长久。不要时时监控对方，也不要容忍被对方监控。

在婚姻生活中，那些时时想监控对方的人是一种什么心理呢？其中有占有欲、有猜疑、缺少安全感、好奇等等。我们分别通过不同的案例来看看这几种不同的监控心理在婚姻中的表现。

案例一：周正喜欢偷偷看老婆的短信和电话记录，有时趁老婆不在的时候，还要登上老婆的QQ，看看老婆一天跟谁聊过天，跟谁说过话。为什么呢？因为周正的老婆在大学期间谈过几次恋爱，在结婚后还被男同事追过，因此，周正有时候总感觉不放心，好像还跟他人存在着某种竞争关系，一定要完全掌握妻子的情况，牢牢监视妻子的行踪，直到证实妻子确实归自己一个人"拥有"才能放心。

妻子在偶然的情况下知道了周正的这种行为后很惊讶也很气愤，没想到自己平常对他那么好，他竟然不信任自己，一怒之下竟要与周正离婚。周正苦苦劝阻才制止了妻子。但这件事情给妻子内心留下了很深的阴影，每次想起来的时候都会黯然神伤。家庭气氛再也不能回到从前。

案例二：小芸的婆婆听到邻居说有天晚上看见小芸跟别的男

人去酒店，因此就怀疑上了小芸。同时，她并没有征求儿子的意见，更没有将相关情况向儿子说明，因为她觉得这是对儿子的羞辱，要先拿到确凿的证据，再对小芸兴师问罪。

于是，小芸的婆婆开始每天在小芸的公司附近蹲点，等小芸下班，看她跟男的说笑，或跟男的并肩走，便悄悄地用录像机录下来。连续跟踪了几天以后，她发现她的"控告"证据不足，因为拍到的都是一些小芸与同事说笑的画面，并没有发现小芸有过分的举动。照说对小芸的怀疑也应该解除一些了，但这位老太太很执着地认为自己跟踪的时间还不够长，还没等到狐狸露出尾巴。

一天，小芸下班后想去超市买点儿东西，因此走了与原来回家相反的方向，无意中从别人的车镜中发现婆婆在后面鬼鬼祟祟地拿着相机拍自己。她猛地回头，婆婆一看被发现了，转身就跑，结果跟一辆自行车撞在了一起，腰椎骨折。

等这位老太太出院回家后，发现儿媳妇已经与儿子离婚了，原因是受不了老太太的监控与约束。

这个案例看似荒唐，但在生活中非常普遍。在中国，婆婆与儿媳妇是天生的仇敌，婆婆总觉得儿媳妇抢了自己的儿子，因此对儿媳妇总是不怀好意。碰上像文中这位猜疑心强的婆婆，儿媳妇的日子自然不好过。

案例三：都说好奇心害死猫，人的好奇心也很强烈。黄尚就属于好奇心强烈的男人，他对妻子很好，妻子也常向别人夸口自己嫁了个好男人。但是有一点是妻子不能容忍的，黄尚的好奇心太强了，妻子的任何事情他都想过问一下，了解一下。妻子能从他的态度中感觉到他并非是怀疑自己，想监控自己，只是好奇心强，但这已经足够让人烦躁了，妻子总感觉被他"逼"得一点儿空间也没有，喘不过气儿来。而黄尚呢，则认为只不过是多问了几句，并认为妻子应该让丈夫知道她的所有事情，夫妻关系中不应该有任何隐瞒。

这其实是一种偷换概念的心理。夫妻关系中不该有隐瞒，指的是那些会影响到夫妻之间感情的原则性问题，而非一些琐碎无聊的生活细节。对妻子的生活细节都想了如指掌的人，就好像是希望天天看妻子裸奔的人，你考虑过妻子的感受吗？

总之，夫妻要"亲密有间"，适当为对方留点儿距离，留点儿空间，虽然结婚了，但彼此还是独立的个体，可以适当拥有一些自由的私人空间、自己的朋友、自己的爱好、自己的事业等。如果每天总是"盯着""看着""防着""握着"，把婚姻"抓"得太紧，渐渐地家庭不但不会带给彼此放松和快乐，相反成为彼此的负担。因此，在感性的爱情里也不要忘记留存一点儿理性的生活空间，因为婚姻生活需要一定的空间来保鲜。